Almudena Devesa Peiró

Papel del RNA codificante y no codificante en Estudios Forenses

Almudena Devesa Peiró

Papel del RNA codificante y no codificante en Estudios Forenses

Posibles usos y limitaciones

Editorial Académica Española

Impressum / Aviso legal
Bibliografische Information der Deutschen Nationalbibliothek: Die Deutsche Nationalbibliothek verzeichnet diese Publikation in der Deutschen Nationalbibliografie; detaillierte bibliografische Daten sind im Internet über http://dnb.d-nb.de abrufbar.
Alle in diesem Buch genannten Marken und Produktnamen unterliegen warenzeichen-, marken- oder patentrechtlichem Schutz bzw. sind Warenzeichen oder eingetragene Warenzeichen der jeweiligen Inhaber. Die Wiedergabe von Marken, Produktnamen, Gebrauchsnamen, Handelsnamen, Warenbezeichnungen u.s.w. in diesem Werk berechtigt auch ohne besondere Kennzeichnung nicht zu der Annahme, dass solche Namen im Sinne der Warenzeichen- und Markenschutzgesetzgebung als frei zu betrachten wären und daher von jedermann benutzt werden dürften.

Información bibliográfica de la Deutsche Nationalbibliothek: La Deutsche Nationalbibliothek clasifica esta publicación en la Deutsche Nationalbibliografie; los datos bibliográficos detallados están disponibles en internet en http://dnb.d-nb.de.
Todos los nombres de marcas y nombres de productos mencionados en este libro están sujetos a la protección de marca comercial, marca registrada o patentes y son marcas comerciales o marcas comerciales registradas de sus respectivos propietarios. La reproducción en esta obra de nombres de marcas, nombres de productos, nombres comunes, nombres comerciales, descripciones de productos, etc., incluso sin una indicación particular, de ninguna manera debe interpretarse como que estos nombres pueden ser considerados sin limitaciones en materia de marcas y legislación de protección de marcas y, por lo tanto, ser utilizados por cualquier persona.

Coverbild / Imagen de portada: www.ingimage.com

Verlag / Editorial:
Editorial Académica Española
Ist ein Imprint der / es una marca de
OmniScriptum GmbH & Co. KG
Bahnhofstraße 28, 66111 Saarbrücken, Deutschland / Alemania
Email / Correo Electrónico: info@eae-publishing.com

Herstellung: siehe letzte Seite /
Publicado en: consulte la última página
ISBN: 978-3-639-78251-6

Posibles Usos y Limitaciones del RNA (codificante y no codificante) en Estudios Forenses

Review: Usages and Limitations of Coding and Non-Coding RNA Analysis in Forensic Studies

Devesa-Peiró, Almudena*

* Master Student, Master en Ciencias Forenses, Universidad de Valencia. Av. Blasco Ibáñez, 13. 46010 Valencia, España.

1

Resumen

El análisis de distintos tipos de RNA (especialmente del mRNA y el miRNA) podría ser empleado en investigaciones criminales y estudios forenses postmortem con el objetivo de aportar información complementaria al análisis de los perfiles STR de DNA. Entre las aplicaciones posibles del mRNA se encuentran: a) la identificación de fluidos biológicos, b) la determinación de la causa y circunstancias de la muerte, c) el establecimiento de la antigüedad de una herida y del tiempo transcurrido desde que una mancha de origen biológico es depositada, y d) la estimación del intervalo postortem (PMI). Sin embargo, la tipificación de mRNAs está limitada por su baja estabilidad e integridad postmortem, lo que ha llevado al estudio de los miRNAs, los cuales ya han demostrado ser útiles en la identificación de fluidos corporales. El objetivo de este artículo es resumir lo que se conoce hasta la fecha de los distintos tipos de RNA (estructura, origen, biogénesis, función, degradación, estabilidad e integridad postmortem, etc) y de su aplicabilidad en el ámbito forense, describiendo los pros y contras de las técnicas empleadas y de cada tipo de marcador de RNA. De este modo, se pretende ofrecer una revisión lo más completa posible para que los distintos laboratorios puedan evaluar qué métodos son los más apropiados para el estudio del RNA en el ámbito forense e identificar lagunas en el conocimiento que sirvan para dirigir con mayor eficacia futuras investigaciones.

Palabras clave: miRNA, mRNA, perfil de expresión génica, cambios postmortem, estabilidad del RNA (RIN)

Abstract

Profiling of diferent types of RNA (particularly mRNA and miRNA) could provide complementary information to the STR DNA anaysis at some criminal cases and postmortem forensic studies. It has been reported that mRNAs are useful at a) body fluid and tissue identification, b) determining the causes and circumstances of death, c) establishing the antiqüity of woundS or biological stains and c) estimating the Post Mortem Interval (PMI). However, mRNA profiling is limeted by its postmortem inestability and low integrity. This disadvantatge led to the estudy of miRNAs, already proven to be good markers of specific body fluids. This review is aimed to summarize what is currently known about diferent types of RNA (structure, origin, biogenesis, function, degradation, postmortem stability and integrity, etc) and their potential usages, describing their strengths and weaknesses and providing solutions for the latters. Using this report as a guide, scientists could improve the efficiency of their future studies by comparing different methods of analysing RNA for forensic purposes and identifying gaps in the current knowledge.

Key words: miRNA, mRNA, gene expression profile, postmortem changes, RNA stability (RIN)

INDICE

CAPÍTULO 1: INTRODUCCION

El desarrollo de la biología molecular y el descubrimiento de la Reacción en Cadena de la Polimerasa (PCR) ha permitido introducir el análisis de los ácidos nucleicos en las investigaciones forenses, siendo la prueba identificativa del DNA a través de perfiles STR su máximo exponente. Sin embargo, hay información genética muy útil en el ámbito forense que no se puede extraer directamente mediante el análisis del genoma, y es aquí donde entran en juego los distintos tipos de ácidos ribonucleicos (RNAs).

1.1. Tipos de RNA

Existen muchos tipos distintos de RNA, pudiendo ser diferenciados no sólo por su configuración y estructura secundaria sino también por su función y vida media. De este modo, el RNA puede ser clasificado en: RNA codificante (cuya traducción dará lugar a la síntesis de proteínas) y RNA no codificante, el cual puede ser dividido en RNA traduccional y RNAs pequeños. Mientras que el RNA codificante (mRNA) y los RNAs traduccionales (rRNA y tRNA) están implicados en la síntesis proteica, los RNAs pequeños (miRNA, asRNAs, siRNAs, snRNAs y piRNAs) se asocian con la regulación de la expresión génica. A continuación se resumen las principales características de cada uno de ellos.

1.2.1. RNA codificante: mRNA

El **RNA mensajero o mRNA** es un ácido ribonucleico monocatenario cuya función principal es la conversión de la información genética del DNA a proteínas. Durante el proceso de la transcripción, las dos cadenas de DNA se separan y la RNA polimerasa empieza a sintetizar el pre-mRNA, que será complementario a la cadena de DNA codificante. Este proceso requiere de la formación y posterior desensamblaje de un complejo de transcripción, compuesto por: a) varios factores de transcripción, b) la proteína de unión TBP (que reconocerá al promotor del gen que va a ser transcrito) y c) la RNA polimerasa. El mRNA maduro y funcional que será exportado al citoplasma se obtiene como resultado de una serie de modificaciones en este pre-mRNA, que incluyen tanto el splicing para la eliminación de intrones (regiones internas no codificantes) como la adición de una caperuza de 7-metilguanosina trifosfato en su extremo 5' y de una cola poli A en su extremo 3'. Esta caperuza es necesaria para el reconocimiento y la unión del ribosoma al mRNA durante la traducción, así como para mantener su estabilidad. Por su parte, la cola poli A protege al mRNA frente a la degradación, aumentando su vida media en el citoplasma y, por lo tanto, permitiendo la síntesis de mayor cantidad de proteína. En relación a la primera modificación, el splicing alternativo permite que un mismo pre-mRNA de lugar a distintas proteínas a través de la eliminación selectiva de intrones distintos.

Al ser un intermediario de la síntesis proteica, el mRNA es un candidato excelente para analizar patrones de expresión génica, permitiendo conocer qué genes se están expresando dentro de un tejido concreto y en un momento determinado del tiempo. El análisis de los cambios en los niveles de distintos mRNAs podrían ser de ayuda en diferentes áreas forenses, tales como la identificación de la naturaleza de fluidos corporales, la estimación de la antigüedad de heridas y manchas de sangre, el establecimiento de la causa y circunstancias de la muerte o la determinación del PMI o intervalo de tiempo postmortem. A pesar de su importancia, hay que tener en cuenta que el porcentaje de mRNA presente en una célula supone tan sólo el 3-5% de la cantidad de RNA total (1) y que, debido a su función, suele presentar vidas medias menores que los RNAs no codificantes, siendo éste uno de los principales problemas en estudios forenses postmortem y en análisis moleculares a partir de muestras degradadas o con cantidades traza de mRNA.

1.1.2. RNA no codificante

1.1.2.1. RNAs traduccionales: rRNA y tRNA

Como su nombre indica, los RNAs traduccionales están implicados en la síntesis de proteínas a nivel de la traducción, proceso en el que el mRNA es convertido en proteína a través de la decodificación de su secuencia de acuerdo a las reglas del código genético. Dicho código define la relación entre secuencias de tres nucleótidos de mRNA, llamadas codones, y el aminoácido a incorporar para poder elaborar la proteína correspondiente. Para que el mRNA pueda ser traducido es necesaria la presencia de dos tipos de RNAs traduccionales:

A) RNAs ribosómicos o rRNAs: forman las dos subunidades de los ribosomas y su función principal es la unión de péptidos durante la traducción. Los rRNAs 18S (subunidad mayor del ribosoma) y 28S y 5.8S (subunidad menor del ribosoma) son los que se encuentran en mayor proporción en las células eucariotas (1). En las procariotas la subunidad mayor está formada por los rRNAs 5S y 23S y la menor por el rRNA 16S. La formación de rRNAs maduros depende de modificaciones químicas de sus pre-rRNAs (i.e. metilaciones y pseudouridilizaciones) guiadas por los snoRNAs o RNAs pequeños nucleolares no codificantes.

B) **RNAs de transferencia o tRNAs:** su papel en la traducción es transferir los aminoácidos correctos desde el citoplasma hasta el ribosoma. Los tRNAs tienen una longitud de unos 74-93 nucleótidos y se unen a los aminoácidos a través de un lugar específico llamado anticodón, que contiene un triplete de RNA complementario al triplete de mRNA que codifica para el aminoácido que debe transportar.

Debido a su mayor estabilidad, ambos tipos de RNA podrían ser útiles en el ámbito forense, en especial en aquellas muestras deterioradas o antiguas en las que es menos probable la recuperación de mRNA. Por otro lado, el rRNA de ciertas bacterias ha sido propuesto como marcador adicional para la identificación de secreciones vaginales, un fluido corporal de gran importancia en crímenes sexuales.

1.1.2.2. RNAs pequeños: miRNA, siRNA y otros RNAs pequeños

La regulación de la expresión génica es fundamental para la implomentación de la información genetica. A pesar de que una gran parte de este control tiene lugar durante la transcripción, la regulación postranscripcional también ha de ser considerada, siendo en este punto donde los RNAs pequeños no codificantes cobran importancia. Debido a su mejor caracterización y determinación como fuente potencial de información en el campo de las ciencias forenses, este apartado estará centrado en los microRNAs, lo cual no resta importancia al resto de RNAs pequeños.

A) MicroRNAs (miRNAs)

Los **microRNAs (miRNAs) o stRNAs (small temporal RNAs)** pertenecen a un grupo de RNAs pequeños (18-24 nucleótidos de longitud) de cadena sencilla, no codificantes y evolutivamente conservados a lo largo de multitud de especies de plantas y animales (2, 3). Los miRNAs que se van descubriendo son numerados secuencialmente e introducidos en la base de datos oficial de miRNAs o miRbase junto con sus precursores y posibles funciones (3), habiéndose registrado hasta la fecha unos 1800 miRNAs humanos (4).

La mayoría de los genes de miRNAs se localizan en regiones del genoma alejadas de los genes codificantes, lo que indica que su transcripción es llevada a cabo por unidades transcripcionales independientes (3). No obstante, alrededor de un cuarto de los mismos se encuentran en regiones intrónicas de pre-mRNAs (a este tipo de miRNA se le denomina miRintrons) siendo procesados desde éstas. Finalmente, otros se agrupan secuencialmente y tienen un patrón de expresión que apunta hacia una transcripción multicistrónica (3, 5).

La **biogénesis de los miRNAs** empieza del mismo modo que la de los genes codificantes, con la formación durante la transcripción de transcritos primarios más largos (de unos 80 nt, denominados pri-miRNAs) (2, 5). Dicho proceso es normalmente realizado por la RNA polimerasa II, aunque los genes de miRNAs localizados en elementos Alu repetitivos pueden emplear la RNA polimerasa III (2, 3). Estos pri-miRNAs poseen una estructura en forma de horquilla y son procesados por Drosha, una RNasa de tipo III perteneciente a un complejo proteico de 600 kDa conocido como "microprocesador" (5). Drosha actúa en el núcleo celular reconociendo específicamente el RNA de doble cadena (dsRNA o double string RNA, por sus siglas en inglés), digiriéndolo, introduciendo 2 nucleótidos en el sitio de rotura y liberando un pre-miRNA de unos 60 nucleótidos con un extremo cohesivo sobresaliente en 3' (5). Este segundo precursor es exportado al

11

citoplasma con la ayuda de la exportina 5 (Exp5), la cual precisa para su actividad del cofactor Ran y de una GTPasa (5).

Una vez finalizado el transporte, los pre-miRNAs son procesados por otra RNasa de tipo III: Dicer. El dominio PAZ de dicha enzima se une a la cola cohesiva y el de unión a dsRNA a la base de la burbuja de la horquilla del pre-miRNA, definiendo la distancia de digestión desde la base (5). La actividad de Dicer da lugar a un dsRNA de unas 22 pb con 2 colas cohesivas en el extremo 3', estructura similar a los siRNAs dúplex generados por dicha enzima a partir de dsRNA largos (5). Tras la digestión, el miRNA maduro es liberado al citoplasma por una helicasa, donde una de sus cadenas será incorporada al complejo RISC (RNA Induced Silencing Complex) y la otra será degradada.

RISC también contiene ribonucleoproteínas de la familia Argonauta (Ago), que son las encargadas de seleccionar la cadena del miRNA que se incorporará al complejo (cadena guía) en base a la estabilidad termodinámica del extremo 5' del mismo (3). Dichas proteínas también contienen dominios PAZ-Piwi, por lo que su interacción con Dicer podría estimular la liberación del miRNA (5). Además, el tipo de proteínas Ago reclutadas determinan la respuesta específica de RISC para cada miRNA, dividiéndolo en complejos RISC digestivos y no digestivos. Mientras que los primeros median tanto la digestión del mRNA diana como la represión de la traducción, los segundos sólo son capaces de la segunda debido a la carencia de endonucleasas que rompan el mRNA (5).

El modo de actuación escogido por los complejos RISC digestivos para llevar a cabo el silenciamiento postranscripcional depende del grado de emparejamiento entre las secuencias del miRNA y del mRNA diana. Si éstas no son aproximadamente 100% complementarias se forma una horquilla entre el mRNA y el miRNA que impide que el centro activo de la endonucleasa (slicer) pueda alcanzar físicamente el mRNA diana, imposibilitando su digestión (5). Sin embargo, si el emparejamiento es perfecto o cercano a éste la "miRNA seed región" (generalmente unos 2-8 nt del extremo 5') se une a la región no traducida 3' (3'-UTR) del mRNA diana, el cual es degradado por la endonucleasa del complejo (1, 6).

En cuanto a su **función**, los microRNAs son esenciales para un control fino de la expresión de genes codificantes. De hecho, se cree que estos RNAs pequeños no codificantes están implicados en la regulación de la expresión de incluso más de un tercio de todos los genes codificantes de proteínas en humanos, habiéndose demostrado su participación en una gran variedad de procesos fisiológicos y del desarrollo. Dichos procesos incluyen: la diferenciación celular hematopoyética, la apoptosis (7), la proliferación celular (3), el tiempo de desarrollo temprano, neuronal o de órganos (2, 3, 6), la plasticidad sináptica (8), la regulación inmune (3), el metabolismo de las grasas (9), la homeostasis de la glucosa (10), la inflamación (8) y el envejecimiento (3). Por lo tanto, no es de extrañar que su regulación deficiente esté asociada a distintos tipos de enfermedades, tales como desórdenes neurodegenerativos (3), enfermedades cardiovasculares (11), distintos tipos de cáncer o enfermedades infeccionas (3).

Cada miRNA puede tener dianas en cientos de transcritos debido al emparejamiento imperfecto entre ambos, lo que les permite tener un efecto pleiotrópico en la expresión génica (6). Además, es posible que algunos miRNAs hibriden también con regiones de RNA no codificante (5). El conocimiento actual sobre la regulación mediante miRNAs apunta a que éstos están temporoespacialmente coordinados, pudiendo alguno de ellos ser específicos de tipo celular, lo que permite a la célula establecer un transcriptoma optimizado específico que explica las expresiones complejas y versátiles celulares típicamente observadas in vivo (3).

Como se discutirá más adelante, el empleo de miRNAs en ciencias forenses está en auge, pudiendo sustituir al análisis del mRNA en algunas aplicaciones debido a su menor tamaño, que les confiere una mayor estabilidad postmortem.

B) Otros RNAs pequeños no codificantes

Esta categoría incluye principalmente a los RNAs de interferencia cortos (siRNAs o short interfering RNAs), los RNAs antisentido (asRNAs), los RNAs pequeños nucleares (snRNAs), los siRNAs heterocromáticos, los RNAs PIWI interaccionantes (piRNAs) y los RNAs nucleolares pequeños (snoRNAs).

Los **RNAs de interferencia cortos (siRNAs o short interfering RNAs)** son los más estudiados dentro de esta categoría. Consisten en RNAs de interferencia no codificantes cuya forma madura tiene una longitud de entre 21 y 26 nucleótidos.

Estos RNAs se originan a) naturalmente de transposones y virus que producen RNAs de doble cadena durante su replicación, b) a partir de secuencias repetidas que se transcriben bidireccionalmente o c) como consecuencia de la activación de la ruta del RNA de interferencia (iRNA) por la expresión endógena de horquillas pequeñas de RNA (shRNAs) (5).

La **biosíntesis de los siRNAs** es similar a la de los miRNAs, en el sentido de que son procesados por Dicer en forma de RNAs de doble cadena y de que están implicados en la degradación post-transcripcional del mRNA y represión de la traducción a través del complejo RISC; al cual sólo se une una cadena, responsable de guiar al complejo hacia el mRNA diana (1,5). De hecho, el siRNA dúplex es capaz de programar a RISC para poder inactivar genes específicos (5). Esto no sucede con RNAs de doble cadena de más de 30 pb los cuales, al activar la respuesta del interferón, inhiben la expresión génica de un modo más global, provocando la inhibición de la traducción mediante la acción de la proteína quinasa activada por RNA (PKR) (5).

A parte de las similitudes en su biogénesis, los siRNAs y miRNAs tienen una composición química, una estructura y unos mecanismos de acción similares, compartiendo incluso algunas de sus funciones. De hecho, tanto los siRNAs como los miRNAs han sido empleados para inactivar la expresión de genes codificantes específicos tanto en células eucariotas como en organismos vivos, una herramienta que podría ser de gran utilidad para analizar células de mamíferos y como tratamiento terapéutico de algunas enfermedades esporádicas y hereditarias (5). Además, ambos pueden utilizarse para inhibir la actividad viral y de transposones con el objetivo de identificar nuevos métodos de defensa contra los mismos (5).

Sin embargo, existen diferencias entre ambos, a saber (5): **1)** los miRNAs son procesados principalmente a partir de transcritos en horquilla mientras que los siRNA proceden generalmente de grandes moléculas de RNA dúplex; **2)** cada horquilla precursora de miRNA produce un solo RNA dúplex de miRNA mientras que cada siRNA precursor genera varios siRNA dúplex distintos procedentes de cada extremo del RNA de doble cadena original; **3)** las secuencias de los miRNAs están relativamente conservadas en organismos relacionados pero no es así en las secuencias endógenas de los siRNAs; **4)** es posible que los siRNAs endógenos realicen un "autosilenciamiento" al silenciar el mismo locus o uno muy similar al que les dio origen mientras que los miRNAs llevan a cabo un "heterosilenciamiento", ya que algunos se producen a partir de genes que pueden silenciar a varios genes diana; **y 5)** tras ser digeridos por Dicer y liberados, los siRNAs pueden incorporarse no sólo al complejo RISC (como sucede con los miRNAs) sino también al RITS (RNA induced initiation of gene transcriptional gene silencing complex), complejo implicado en el control de la estructura de la cromatina a través de siRNAs de transcritos centroméricos repetitivos.

Es importante destacar que cada uno de los mecanismos descritos de silenciamiento post-transcripcional tiene un origen ancestral común en organismos eucariotas, ya que existen de manera natural genes silenciadores por iRNA o miRNA en multitud de organismos, desde Drosophila a algunas plantas y hongos, así como en humanos y otros mamíferos (5).

El desarrollo de la biología molecular experimentado en las últimas décadas ya ha permitido la construcción de bibliotecas de miRNAs a partir de productos de PCR y de siRNAs mediante síntesis química o por digestión enzimática de RNA de doble cadena largo (5). Ahora que los genomas de ratón, rata, chimpancé y humano están completamente secuenciados, estos RNAs no codificantes aportan un mecanismo para poder traducir toda esta información en definiciones funcionales para cada gen.

No obstante, todavía hacen falta muchos estudios para poder aplicar el análisis de los siRNAs en el campo de las ciencias forenses.

En cuanto al resto de RNAs pequeños no codificantes, su relativamente reciente descubrimiento hace que no se disponga de mucha información acerca de su origen, biosíntesis o posible función. A continuación se resumen algunas de sus características básicas:

- **RNAs antisentido (asRNAs):** son sintetizados directamente como moléculas de cadena única (T), siendo complementarios a una cadena de mRNA transcrita. Consecuentemente, estos asRNAs pueden inhibir la traducción de sus mRNAs al emparejarse con ellos, lo cual podría ser empleado como terapia en algunas enfermedades. La transcripción de asRNAs largos suele estar asociada con la expresión del gen codificante correspondiente y es muy compleja.

- **RNAs pequeños nucleares (snRNAs):** se trata de RNAs de longitud entre 90 y 190 nucleótidos transcritos por la RNA polimerasa II o III y responsables de: a)l el procesamiento del pre-mRNA en mRNA maduro dentro del espliceosoma (splicing) (1), b) la regulación de factores de transcripción y c) la manutención de los telómeros. Siempre se encuentran asociados a ribonucleoproteínas pequeñas nucleares específicas (snRNP).

- **siRNAs heterocromáticos:** son un tipo de RNAs de interferencia cortos poco estudiados. Podrían regular la organización cromosómica y las modificaciones epigenéticas de regiones específicas del genoma (5).

- **RNAs PIWI interaccionantes (piRNAs):** son RNAs no conservados evolutivamente, complejos y con una longitud de unos 26-31 nucleótidos. Su nombre guarda relación con la formación de complejos RNA-proteína a través de la interacción de estos RNAs con proteínas piwi. Aún no se comprenden los mecanismos de su biosíntesis, pero sí se sabe que difiere de las de los siRNA o miRNA. Se han identificado cientos de miles piRNAs en mamíferos, estando presentes en clusters a lo largo de todo el genoma. Dichos clusters pueden contener entre 10 y miles de piRNAs, variando en tamaño desde 1 a 100 kb. Su función principal es el silenciamiento génico de transposones durante la espermatogénesis (1), estando presentes en los testículos de mamíferos.

- **Small nucleolar RNAs (snoRNAs):** son responsables de guiar las modificaciones químicas producidas en otros RNAs, principalmente en los rRNAs, tRNAs y snRNAs. Se clasifican en dos grupos: los C/D box snoRNAs (relacionados con la metilación) y los H/ACA box snoRNAs (asociados con la pseudouridilación). Ambos procesos son necesarios para la formación de rRNAs maduros. Los snoRNAs también pueden actuar como miRNAs.

Aunque la información proporcionada es escasa, las ya descubiertas características de estos RNAs no codificantes revelan su enorme potencial en el ámbito forense.

CAPÍTULO 2: USOS Y LIMITACIONES DEL MRNA EN INVESTIGACIONES FORENSES

Los avances recientes en biología molecular han permitido identificar a las personas involucradas en escenas del crimen a través del análisis de perfiles STR de DNA extraído a partir de manchas de origen biológico encontradas en distintos lugares (i.e. escena del crimen, ropa de la víctima, etc). Sin embargo, la prueba del DNA no puede dar información acerca de cuándo y cómo fue depositado un material o de qué fuente celular o tisular procede una muestra concreta. Tampoco ofrece ninguna descripción fenotípica de la persona que lo dejó a excepción de su sexo (12), determinado mediante el marcador de sexo amelogenina. Además, el análisis del gDNA se hace más difícil en genes de gran longitud, especialmente en aquellos con secuencias intrónicas largas (13).

Todas estas carencias son cubiertas mediante el análisis del mRNA, cuyas principales aplicaciones son resumidas a continuación.

2.1. Identificación de fluidos biológicos

Los restos biológicos humanos abandonados en la escena del crimen tienen el potencial de poder situar a un sospechoso en la misma y de reconstruir los hechos que allí sucedieron. Por ejemplo, la presencia de sangre no aporta la misma información acerca del tipo de delito cometido que la detección de semen o secreciones vaginales. Además, la determinación del tipo de fluido corporal es crucial para asegurar el manejo correcto de la muestra tanto a nivel de recogida como de embalaje, transporte y análisis. Esto es particularmente importante cuando el origen mixto (i.e. manchas

19

compuestas de una mezcla de eyaculado y secreción vaginal, frecuentemente encontradas en casos de asalto sexual).

Los test de detección diferencial de fluidos corporales pueden clasificarse de acuerdo a su especificidad en a) presuntivos y b) confirmatorios. Mientras que los primeros se caracterizan por su falta de especificidad (falsos positivos), los segundos son altamente específicos y permiten confirmar la presencia de un fluido corporal determinado.

Ambos tipos de pruebas se basan en la composición única de cada fluido (tanto cualitativa como cuantitativa, en el sentido de la presencia de diferentes proporciones del mismo componente en distintos tejidos). Sin embargo, sólo existen test confirmatorios para semen y sangre, los cuales están basados principalmente en interacciones inmunológicas, visualización microscópica de componentes específicos o formación de cristales específicos por reacción química (14).

Los **métodos empleados tradicionalmente** para la identificación de fluidos biológicos emplean ensayos químicos (14), de quimioluminiscencia o de detección de proteínas específicas (1), entre otras pruebas serológicas y bioquímicas (15). Sin embargo, la mayoría son clasificados como presuntivos, presentando con frecuencia una baja especificidad y sensibilidad que se ve reflejada en resultados positivos simultáneos en varios fluidos corporales e incluso en muestras procedentes de especies distintas a la humana.

Por ejemplo, los métodos tradicionales de detección de sangre (i.e. test de la bencidina y tiras FOB) se basan en la actividad tipo peroxidasa y la respuesta inmunitaria antígeno-anticuerpo de la hemoglobina (16, 17). Aunque ambos proporcionan una reacción positiva con sangre humana, ninguno discrimina entre sangre periférica y sangre menstrual, lo cual es crucial en casos de asalto sexual.

Por otro lado, el test empleado para la identificación de semen basado en la detección del antígeno específico de próstata (PSA) (16) también da resultados positivos en hombres vasectomizados y en la orina de hombres adultos (17). Del mismo modo, los métodos de detección de secreciones vaginales (i.e. reactivo ácido-Schiff, que detecta células ricas en glycogen (18)) y de sangre menstrual (i.e. análisis de perfiles de isoenzimas LDH, esperando un aumento de las LDH 4 y 5 (18)) dan falsos positivos y negativos en ciertas situaciones, incluso cuando la muestra analizada procede de un hombre (18).

Además, muchas de estas técnicas dependen de una reacción colorimétrica difícil de cuantificar y en ocasiones hasta de reconocer, sobre todo en muestras presentes en cantidades traza, lo que en ciencias forenses es bastante común.

Otra desventaja del empleo de los métodos tradicionales es la necesidad de aplicar distintas pruebas para cada tipo de fluido, lo que hace necesaria la división de la muestra, teniendo en cuenta que hay que dejar intacta una parte adicional de la misma para posibles análisis futuros (14). Por otra parte, el principal inconveniente de los únicos tests confirmatorios existentes (sangre y semen) es su naturaleza destructiva (14). Finalmente, si las manchas están compuestas por fluidos distintos procedentes de 1 o varios individuos la complejidad de la identificación de su origen se ve aumentada considerablemente.

Todas estas desventajas hacen necesario el desarrollo de métodos confirmatorios y no destructivos de alta sensibilidad y especificidad que permitan la identificación de todos los fluidos corporales y de sus mezclas que sean de utilidad forense. Con este objetivo se han abierto dos nuevas líneas de investigación basadas en: **a)** análisis de perfiles de mRNA y **b)** técnicas analíticas de espectrometría.

Entre estas últimas encontramos la espectroscopia de luz ultravioleta-visible (es bien sabido que el semen y la saliva emiten fluorescencia bajo luz UV, lo que se usa para su detección presuntiva en la escena del crimen), la de fluorescencia de rayos-X, la de masas, la resonancia nuclear magnética, la infraroja y la Raman, siendo éstas últimas las más prometedoras (14).

Las investigaciones encaminadas a determinar la idoneidad del análisis de marcadores mRNA para identificar fluidos corporales son resumidas a continuación.

2.1.1. Análisis de perfiles de mRNA

Todas las células del cuerpo humano comparten la misma secuencia de DNA en su genoma y, sin embargo, cada tipo celular tiene un patrón de expresión específico en función de los niveles de proteínas concretas necesarios para llevar a cabo su función. Como el mRNA es un intermediario en la síntesis de proteínas, resulta obvio que sus niveles celulares reflejarán la expresión génica específica de cada tejido. Es más, la presencia de determinados mRNAs nos indicará qué genes están siendo transcritos en ese preciso momento. De este razonamiento surge inmediatamente el potencial del análisis del mRNA para identificar tejidos y fluidos corporales humanos.

La sangre, el semen, la saliva, las secreciones vaginales y lacrimales, la sangre menstrual o el sudor son algunos de los fluidos encontrados en la escena del crimen, cobrando especial importancia si proceden del atacante.

22

Entre ellos, la sangre y el semen son los que se suelen encontrar en mayor cantidad (14).

Muchos son los estudios que demuestran la validez de distintos marcadores de mRNA como identificadores de fluidos corporales humanos (14-26). A continuación se listan los genes cuyos transcritos de mRNA han sido descritos como buenos marcadores (alta especificidad y sensibilidad). Dichos mRNAs fueron escogidos en base a sus supuestas funciones:

- Sangre: SPTB (15, 17), PBGD (porfobilinógeno deaminasa, presente en los glóbulos rojos) (15, 17), HBB (hemoglobina beta, presente en los glóbulos rojos) (17), PPBP (16, 24), GLY A (glicoforina A, presente en los glóbulos rojos) (17), HBA1 (24) y CCL5, GZM11, PRF1, NKG7 (16).

- Semen: KLK3 (23, 24), HBA1 (23), las protaminas PRM1 (15, 24) y PRM2 (sustituto de las histonas en el espermatozoide) (15, 17, 24), TGM4 (transglutaminasa 4, específico de próstata) (17) y MSMB, NKX3-1 y SEMG1 (16).

- Saliva: STATH (15, 24, 27), HTN3 (15, 17, 24, 27), PRB1,2 y 3 (27) y FDCSP, MUC7, KLKK y HTN1 (16).

- Sangre menstrual: principalmente las metaloproteinasas de la matriz MMP7 (17, 22, 24), MMP710 (22) y MMP11 (17, 18, 22, 24). Estas enzimas están implicadas en la rotura de proteínas de la matriz extracelular (18), la degradación y remodelación de tejidos efectores clave en la diferenciación celular, el crecimiento cíclico y la muerte de las células endometriales o apoptosis, estando reguladas por esteroides ováricos y citoquinas (17).

23

Otros marcadores: MSX1, LEFT42, SFRP4 (22), ESR1 (18), SPTB y PBGD (16).

- Secreciones vaginales: MUC4 (mucina 4, principal componente del moco vaginal (17)) (15, 17, 18, 22), HBD-1 (beta defensina 1 humana, péptido antimicrobial vaginal (15, 17, 18), CMYOZ1 (22), MSLN, MMP7 y SERPINB3 (16).

- Mucosa oral: KRT4 (17)

- Piel: LOR, CST6 (17)

- Secreción nasal: STATH (17)

- Sudor: DCD (dermicidina), la cual se expresa específica y constitutivamente en las glándulas sudoríparas (17).

- Orina: UMOD (uromodulina), la proteína más común de la orina en individuos sanos (17).

También es importante emplear genes de referencia que actúen como controles endógenos. Ejemplos de este tipo de genes son el G6PDH (glucosa 6 fosfato deshidrogenasa) o el RPS15 (proteína ribosomal 15S), ambos constitutivamente expresados en células humanas y validados por varios autores (18). Otros genes de referencia ya utilizados son el de la beta actina y el GAPDH (27).

Así pues, el análisis de perfiles de mRNA se está convirtiendo en un método confirmatorio complementario que podría sustituir a las pruebas tradicionales de identificación de fluidos corporales humanos, en especial si es posible combinarlo con el análisis del DNA.

2.1.1.1. Co-extracción DNA/RNA

Como se ha podido comprobar, el RNA ofrece una información específica de tejido que el DNA no puede. Además, su tipificación mediante PCR multiplex permite analizar simultáneamente muchos genes específicos de tejido, identificando múltiples tipos tisulares a la vez y, por lo tanto, disminuiyendo la cantidad de muestra necesaria para el análisis. Sin embargo, el RNA no permite la identificación del individuo, una información crucial que actualmente es proporcionada por los perfiles STR de DNA. Por ello, la posibilidad de co-extracción DNA/RNA resulta muy atractiva en el ámbito forense, ya que sus análisis proporcionan información complementaria.

Consecuentemente, el Grupo de Perfiles de DNA Europeo (EDNAP) organizó un estudio colaborativo de coanálisis de RNA/DNA para la identificación de fluidos corporales y perfiles STR humanos tanto en muestras de casos reales como simulados (22). Gracias a la colaboración de los 24 laboratorios europeos participantes se pudo demostrar que la extracción simultánea de RNA y DNA es posible, permitiendo tanto una identificación positiva de la fuente de origen del tejido/fluido (perfiles de mRNA) como una identificación acertada del donante del mismo (perfiles STR). Estos resultados eran mantenidos incluso con muestras de baja calidad o viejas.

El kit de co-aislamiento RNA/DNA más nombrado en la literatura debido a sus resultados positivos es el AllPrep DNA/RNA Mini Kit de Qiagen (16, 17, 20, 22, 24). No obstante, algunos autores (17) han añadido un paso posterior para lograr una mayor purificación del RNA. Dicha etapa consistente en una digestión con DNasa I libre de RNasa que elimina el gDNA (DNA genómico) de la muestra de RNAtotal.

25

A pesar de sus posibilidades, todavía existen problemas en el análisis del mRNA que deben ser solventados, tales como los asociados a la inespecificidad de algunos marcadores (en especial aquellos específicos de fluidos vaginales), a la identificación de los componentes de una mezcla o a las discrepancias entre estudios debidas al empleo de distintas metodologías. Todos ellos son discutidos a continuación.

2.1.1.2. Problemas asociados al empleo del mRNA en la identificación de fluidos biológicos

Los resultados obtenidos a partir de los marcadores de la lista anterior varían en función del estudio. A modo de ilustración, se ha detectado MMP11 tanto en sangre menstrual como en fluido vaginal (18), y CST6 (cistatina 6) y LOR (loricrina) suelen presentar reacción cruzada con otros fluidos (17). Por otro lado, Park S.M et.al (16) encontraron una gran inespecificidad en los marcadores HBA1 (hemoglobina alfa 1) y PRM1 (considerados válidos por la mayoría de autores) en muestras de individuos coreanos, lo que les llevó a sugerir que algunos marcadores se expresan de manera distinta en función de la población y que, por lo tanto, no deberían aplicarse sin haberse caracterizado previamente en un amplio número de datos. Este estudio también reflejó una alta variabilidad entre muestras de secreciones vaginales de distintas mujeres coreanas. Otros autores han confirmado estos resultados (28).

Pero de entre todos los fluidos biológicos, las **secreciones vaginales** parecen ser las más difíciles de caracterizar. Debido a su importancia en crímenes sexuales, es necesario desarrollar un método robusto e inambiguo que permita identificarlas con alta especificidad y sensibilidad, así como diferenciarlas de otros fluidos (i.e. sangre menstrual o periférica, semen, sudor o saliva). Dicha prueba también deberá discriminar entre el resto de fluidos para lograr una mejor reconstrucción de los hechos (i.e. nos significa lo mismo encontrar sangre periférica que hallar sangre menstrual en la escena del crimen). Además, el valor probativo del perfil de DNA de la víctima es distinto en función de la fuente de la muestra empleada (i.e. será menor si el origen de la mancha es sudor o saliva y mayor sin se trata de secreciones vaginales encontradas en la ropa del agresor (18)).

A pesar de los intentos de muchos laboratorios, los marcadores de fluidos vaginales no se caracterizan por su especificidad (en especial en presencia de saliva), siendo imposible hasta la fecha la identificación de dicho fluido mediante un único marcador confiable válido para todo tipo de mujeres. Con el objetivo de solventar este problema y de forma independiente, Jakubowska J et.al (18) y Haas C et.al (22) incluyeron marcadores de rRNAs de bacterias Lactobacillus en el análisis de dos de los marcadores de mRNA previamente listados como específicos de secreciones vaginales (MUC4, HBD1). Nótese que aquí estamos introduciendo el análisis de otro tipo de RNA, el RNA ribosómico.

Tanto MUC4 como HBD1 habían sido detectados previamente en saliva (18). Por su parte, las bacterias del género Lactobacilli habían demostrado ser útiles en la detección de fluido vaginal en casos criminales, no habiéndose detectado reactividad cruzada con otros fluidos biológicos (18).

Las especies de bacterias empleadas en ambos estudios fueron *l. crispatus, L. gassei* y *L. johnsonii*, todas ellas constituyentes simbiontes y benignos de la flora vaginal humana femenina (18, 22). El marcador bacteriano utilizado por Jakubowska J et.al (18) fue la sección intergénica

27

espaciadora (ISR) 16S-23S rRNA, permitiendo la identificación específica de las secreciones vaginales.

Sin embargo, otros investigadores encontraron que el rRNA 16S de *L.gasseri* y *L.crispatus* podría estar también presente en orina femenina y mucosa gástrica, aunque no en saliva o semen (18). Su detección en la superficie de la piel también ha sido publicada, pero en este caso las muestras fueron tomadas de áreas próximas a la vagina o de zonas que habían podido tener contacto con la misma (i.e. pene), hecho que podría explicar la discrepancia (18).

Debido a estos problemas de especificidad y a la discordancia entre resultados de marcadores tanto de mRNA como de rRNA bacterianos, Jakubowska J et.al (18) propusieron un análisis combinado de 5 marcadores vaginales (HBD1, MUC4, MMP11 específico de sangre menstrual, G6PDH como gen de referencia y 16S-23S rRNA) para poder identificar este fluido de manera inequívoca. Esta aproximación ha demostrado una alta especificidad y precisión en la detección única y exclusiva del fluido vaginal. Sin embargo, este método no permite distinguir entre la presencia de sangre menstrual y la mezcla de sangre periférica y secreciones vaginales.

Como se acaba de comprobar con las secreciones vaginales, la falta de especificidad no imposibilita la discriminación entre distintos fluidos corporales si se combinan varios marcadores. Otro ejemplo de esto guarda relación con la **discriminación de fluidos de la mucosa oral.**

KRT4 (queratina 4) es un marcador general de mucosa, estando presente en la mucosa oral, la saliva, las secreciones vaginales, la sangre menstrual, la piel, la orina femenina y las secreciones nasales pero no en el sudor, el semen o la sangre (17). Por otro lado, HTN3 (histatina 3) es detectado en saliva y en mucosa oral pero no en muestras de secreción nasal (17), y STATH (estaterina) posee una expresión alta en secreciones nasales, media en saliva y débil en mucosa oral (17). Un análisis conjunto de los patrones de expresión de estos marcadores permitiría distinguir entre saliva/mucosa oral y secreción nasal, aportando una información muy valiosa para la reconstrucción de los hechos.

En cuanto a la **identificación de la orina**, el marcador UMOD presenta variabilidad inter-individual y los resultados usando varios marcadores varían con la edad y el sexo del individuo. Así pues, TGM4 sólo se detecta en orina masculina adulta (probablemente porque el antígeno específico de próstata PSA o p30 también esté presente en la orina adulta masculina y no sólo en semen y líquido seminal). Por su parte, MUC4, HBD1 y KRT4 sólo se encuentran en la femenina, siendo la expresión de KRT4 y MUC4 muy alta durante la menstruación (17). Esto es consistente con la detección de MUC4 en sangre menstrual (17). Además, MMP7, HBB y UMOD están presentes en orina de ambos sexos y en orina femenina menstruando, siendo MMP7 más sensitiva y MMP11 más específica de sangre menstrual, una compleja mezcla de múltiples tipos tisulares responsable de dar resultados positivos tanto para marcadores vaginales como de sangre (17). Teniendo en cuenta los patrones de expresión de estos marcadores, es posible la identificación no sólo del tipo de fluido (orina) sino también del sexo del individuo que la depositó, así como de la edad relativa del mismo y, en el caso de ser mujer, de si estaba menstruando o no en el momento de la micción.

Otro factor a considerar es que todos los marcadores empleados sean **específicos de fluidos corporales humanos,** no siendo posible su detección a partir de muestras procedentes de otras especies. Siguiendo

29

esta línea, Y X et.al (17) testaron la probabilidad de detectar marcadores de mRNA sanguíneos humanos en muestras de sangre de 8 animales comunes (cerdo, ganado, cabra, pollo, pez, perro, gato y ratón). Ninguno de ellos fue detectado en muestras que no fueran humanas, mientras que el gen de referencia 18SrRNA fue identificado en todas las muestras con independencia de su procedencia.

También es un problema común del ámbito forense la **presencia de mezclas** de distintos fluidos biológicos en una misma muestra, ya procedan del mismo o de distintos individuos. Diferentes fluidos corporales contienen una cantidad de células nucleadas distinta por unidad de área tanto dentro de uno mismo como entre distintos individuos. Es por ésto que los marcadores empleados deben escogerse en base al tipo de mezcla. Por ejemplo, para una mezcla de sangre y sudor se debe usar el marcador de sangre con niveles de expresión relativamente bajos, ya que ésta es el componente mayoritario. Sin embargo, en mezclas de semen con un poco de sangre se debe de emplear un marcador de sangre que se exprese altamente para ser capaz de identificarla (17). Debido a esto, para analizar una mezcla desconocida se podría llevar a cabo un perfil de mRNA múltiple que ayudase a caracterizar sus componentes y las proporciones en las que se encuentran. Y X et.al (17) indicaron que el ratio GLY/DCD es el que más se acerca a las proporciones reales en mezclas de sangre y sudor, mientras que el PRM2/HBB fue considerado el más óptimo en mezclas de sangre y semen. Estos resultados no se vieron alterados al utilizar muestras de casos reales o simulados.

Por otro lado, las mezclas de fluido vaginal con sangre periférica o semen son muy frecuentes en casos de asalto sexual. Jakubowska J et.al (18) también determinaron mediante su análisis combinado (marcadores

HBD1, MUC4, MMP11, G6PDH y 16S-23S rRNA) el nivel mínimo del componente minoritario (fluido vaginal) necesario para ser detectado. Las distintas especies de Lactobacilli fueron detectadas incluso con proporciones de 1:99 pero los marcadores de mRNA HBD1 y MUC4 sólo fueron identificados con proporciones de 1:9 (fluido vaginal: semen o sangre). Esto indica una mayor utilidad de los marcadores bacterianos para fluidos biológicos en mezclas.

Paralelamente, Y X et.al (17) se encontraron con grandes **variaciones** tanto en la expresión génica (marcadores de mRNA) como en la flora bacteriana entre **distintas mujeres** y a lo largo del **ciclo menstrual**. Por ejemplo, MMP11 sólo se expresaba hasta el día 8 del ciclo y las alturas de los picos y las longitudes de los amplicones de L. *gasseri/L.johnsonii* eran variables. También se observó una correlación entre la presencia de amplicones bacterianos y la **salud** de las mujeres, sugiriendo que el tratamiento con antibióticos disminuía la presencia de las mencionadas bacterias. No obstante, el número de muestras analizadas era demasiado bajo como para ser significativo.

La **edad** también afectó a la presencia de los mencionados amplicones bacterianos. Muestras de fluido vaginal de niñas de 4 a 12 años no contenían productos bacterianos pero producían resultados positivos para G6PDH, MUC4 y HBD1 (4 años) y G6PDH y MUC4 (12 años). Así pues, los marcadores bacterianos podrían ser importantes en la determinación de la edad de la víctima de asaltos sexuales, un factor crucial a la hora de sentenciar una condena (i.e. pederastia).

Por otro lado, se ha demostrado que el **grupo étnico o población de origen** (Asiático, Blanco, Negro, Hispánico) puede correlacionar con el pH vaginal, la composición microbiana y el nivel de bacterias como L.*crispatus* y

31

L.gasseri (17). Aunque el estudio se realizó exclusivamente con mujeres norteamericanas, esta información es importante porque demuestra la diversidad natural de la microbiota vaginal y la posibilidad de emplearla para determinar el origen poblacional.

Finalmente, cabe destacar que parte de los resultados contradictorios observados entre los distintos estudios pueden ser debidos a **diferencias en cuanto a la metodología empleada:**

Todos los métodos de tipificación del mRNA incluyen una fase de extracción del RNA total seguida de la síntesis del correspondiente DNA complementario (cDNA) mediante retrotranscripción (RT). Hoy en día existen distintos kits de extracción del RNA total, de cuantificación y de amplificación que podrían introducir varibilidad en los resultados y explicar las discrepancias publicadas. Se han realizado distintos estudios para determinar los métodos más óptimos a emplear en cada paso del análisis de perfiles de mRNA.

Por ejemplo, la retrotranscripción puede llevarse a cabo de dos formas: **a)** end-point PCR seguida de electroforesis capilar (EC, aproximación cualitativa) y **b)** retro PCR cuantitativa (qPCR-RT). Sin embargo, ambos métodos tienen capacidades multiplex reducidas por reacción debido a la disponibilidad limitada de tintes fluorescentes (sólo pueden analizarse unos pocos genes por reacción) (19). Además, la técnica de EC tiene el inconveniente del uso de estándares internos de tamaño (19). Donfack J et.al. (19) han propuesto la aproximación MALDI-TOF MS (Matrix-assisted laser desorption/ionization Mass Spectrometry, basada en la bioquímica del Sequenom iPLEX) con el objetivo de eliminar este último problema. Esta tecnología ya es usada en la actualidad para genotipar SNPs (polimorfismos de nucleótido único) y combina la end-point PCR con un paso posterior de extensión con primers en el cDNA, de modo que una reacción de extensión positiva es indicativa de la presencia de cDNA en la muestra. La MALDI-TOF MS ha sido adaptada para determinar perfiles de mRNA cualitativamente y permite establecer el peso molecular de los fragmentos de DNA sin el empleo de estándares internos de tamaño.

Otra técnica probada con éxitos en la identificación de la mayoría de fluidos corporales relevantes en ciencias forenses en muestras tantos reales como simuladas es la XCYR1. Esta es la aproximación empleada por el grupo de Y X et.al (17), tratándose de un método multiplex altamente sensitivo, específico y reproducible. La XCYR1 permite analizar simultáneamente muchos genes específicos de tejido e identificar múltiples tipos tisulares, disminuyendo la cantidad de muestra empleada, la cual suele ser muy limitada en la mayoría de casos forenses. No obstante, su eficacia puede verse influenciada por factores tales como el tiempo transcurrido tras la recogida de muestra y la edad y/o variación individuales (17).

Por otra parte, la mayoría de los ensayos actuales se valen de un único marcador por fluido y utilizan la qRT-PCR multiplex. Pero esto puede dar falsos positivos y negativos, ya que algunos marcadores se expresan en más de 2 tipos de fluido (24). Como se ha comentado previamente, algunos autores han propuesto el empleo de varios marcadores por tipo tisular o fluido corporal con el objetivo de solventar estos problemas de especificidad. Sin embargo, el sistema qRT-PCR no es válido en este caso, debido a la desventaja ya descrita acerca del número limitado de tintes fluorescentes que puede ser empleado por reacción. Por ello se están desarrollado métodos alternativos que permitan la cuantificación de marcadores múltiples para cada fluido, tales como la plataforma NanoSTring nCounter de NanoString Technologies, capaz de cuantificar la expresión de cientos mRNAs en una única reacción usando códigos de barras moleculares codificados por color (24). Este método ha sido probado con éxito en la identificación de muestras de saliva, sangre, secreciones vaginales y semen a partir de como mínimo 2 marcadores por fluido (24). También ha demostrado su alta sensibilidad, especificidad y robustez en muestras de RNA degradado, como es el caso de los tejidos fijados con formaldehído (24).

Otro aspecto relevante en los protocolos es la correcta elección del gen de referencia o control endógeno. Como se ha listado previamenye, los más empleados para tipificación de mRNA son el G6PDH y el RPS15. Sin embargo, este último puede no ser detectado en sudor y sangre periférica (18), lo que inclina a la utilización del primero al menos en estudios de identificación de fluidos biológicos. Por su parte, el 18SrRNA ha demostrado una mayor robustez que el GAPDH (17).

Por otro lado, el empleo de plataformas de microarrays de DNA que analizan el transcriptoma completo podría ser muy útil en el descubrimiento de nuevos biomarcadores de identificación de fluidos corporales, en especial de aquellos capaces de detectar inequívocamente muestras de secreciones vaginales, piel, lágrimas, sudor y orina. De hecho, varios investigadores han empleado esta técnica para buscar genes específicos de tejido (24) y, en el ámbito de las ciencias forenses, los microarrays de DNA han tenido éxito en la identificación de sangre y saliva mediante marcadores específicos de mRNA y microRNA. Además, se han propuesto nuevos candidatos para secreciones vaginales (CYP2B7P1) y piel (LCE1C) (17). El uso de marcadores cada vez más sensitivos supondría una mayor precisión en la identificación de muestras con bajas cantidades de RNA o LCN (Low Copy Number). Otro reto que hay que solventar en el futuro es la identificación

34

mediante perfiles de mRNA de fluidos corporales a partir de manchas altamente expuestas a condiciones ambientales extremas.

Resumiendo, los métodos convencionales de identificación de fluidos corporales usan técnicas costosas en términos de tiempo, cantidad de trabajo y cantidad de muestra necesaria. Estas desventajas son debidas a que dichas técnicas son tecnológicamenete diversas, por lo que sólo se pueden aplicar de modo secuencial y no paralelo. Las ventajas de una aproximación basada en mRNA comparado con los métodos bioquímicos tradicionales de análisis incluyen una mayor especificidad, un análisis simultáneo y semi automático, mejores tiempos, menor consumo de muestra y compatibilidad con métodos de extracción de DNA. Sin embargo, los resultados obtenidos del análisis de marcadores de mRNA varían en función del estudio, reflejando problemas de especificidad, del empleo de distinta metodología, etc. Sin embargo, el principal limitante para la utilidad del mRNA en ésta y en otros tipos de investigaciones forenses es su estabilidad e integridad, la cual será discutida ampliamente en apartados posteriores.

2.2. Determinación de la causa y circunstancias de la muerte

La expresión diferencial de distintos mRNAs también puede ser analizada con el objetivo de ayudar en el diagnóstico de la causa y los mecanismos de la muerte (25). Esta afirmación se fundamenta en que los patrones de expresión de distintos transcritos de mRNA cambian en función de las demandas celulares y en respuesta a las condiciones externas (1). Por ello cada evento, que puede ser desde molecular hasta algún impacto externo que influya a todo el organismo, deja una marca molecular en términos de alteraciones en las proporciones de transcritos concretos dentro del pool de mRNA (1). Se sabe que dichos cambios en la expresión génica pueden suceder al menos hasta transcurridos 30 minutos tras la muerte (29). Esto abre la posibilidad de analizar los perfiles de mRNA en tejidos humano postmortem para hallar pistas sobre lo sucedido en el momento de la muerte.

De este modo, se han podido identificar marcadores potenciales de: estrangulamiento (30), muerte relacionada con metanfetaminas (30), hipoxia, estrés por contusión (1), muerte cardíaca súbita o SCD multicausal (31) y asfixia mecánica (29).

Ikematsu K, Tsuda R & Nakasono I (29) fueron los primeros en identificar posibles biomarcadores indicadores de ciertas causas de muerte. Concretamente, examinaron los cambios en la expresión génica en ratones que habían muerto de dos modos distintos: estrangulación lenta y ejecución rápida en guillotina. De este modo lograron identificar 4 genes cuyos patrones de expresión eran significativamente distintos entre ambos grupos, lo que les llevó a su proposición como posibles biomarcadores de estrangulación. Un estudio posterior realizado por los mismos autores corroboró dichos cambios en la expresión de los mismos genes en respuesta a una reacción supravital a la presión de estrangulamiento ejercida en la piel de ratones (29).

En cuanto a biomarcadores indicativos de muerte cardíaca súbita, el equipo de Son G.H et.al (31) demostró que los mRNAs Hba1/2 y Hbb, que codifican para la hemoglobina A172 y B, así como el Pdk4 (piruvato quinasa deshidrogenasa 4) exhiben patrones de expresión postmortem distintos en la pared libre del ventrículo izquierdo de individuos fallecidos por SCD cuando se comparan con tejidos de individuos control con causas de muerte no cardíacas. Mientras que los niveles de expresión de Hba1/2 y Hbb son más altos en los casos de SCD, los de Pdk4 son menores. Es posible que el aumento de la hemoglobina sea inducido por el estrés oxidativo que tiene lugar durante la disfunción miocárdica que lleva a la muerte. Por su parte, la disminución de los niveles de la proteína mitocondrial Pdk4 da lugar a la pérdida de flexibilidad metabólica en los cardiomiocitos, característica de la SCD.

Estos cambios de expresión no fueron observados en los tejidos cerebrales, los cuales son altamente vulnerables a estados hipóxicos o anóxicos y provocan estrés celular y perturbaciones metabólicas en otros tejidos durante el estado agonal y el periodo postmortem agudo (31). Ello indica que las alteraciones en la expresión de los mRNAs seleccionados han sido provocadas por una disfunción miocárdica y no debido al daño celular agonal o postmortem (31), pudiendo ser empleados para implicar a la SCD como la causa de muerte primaria. Esto es muy importante en estudios forenses postmortem, ya que la SCD supone una de las principales causas de muerte en la mayoría de países desarrollados y es muy complicada de determinar a través de la evidencia histológica.

No obstante, la expresión de unos pocos mRNAs puede que no sea suficiente para el diagnóstico postmortem de la SCD (en especial los casos no isquémicos), pudiendo reflejar otro tipo de disfunciones cardíacas letales (31). Además, hay multitud de factores antemortem y postmortem que podrían influenciar diferencialmente la integridad de cada transcrito concreto. Futuras investigaciones deberían evaluar un número mayor de transcritos relacionados con el fallo cardíaco para así poder diagnosticar el SCD con mayor precisión y, tal vez, diferenciar entre sus distintas modalidades.

Por otra parte, el análisis de los niveles de expresión génica en el momento de la muerte o postmortem podrían servir como herramienta complementaria para determinar las condiciones fisiopatológicas de la enfermedad y/o daño así como la duración de la agonía u otros factores premortem (1).

Toda esta evidencia demuestra que diferentes causas de trauma pueden dejar alteraciones distintas en los niveles de expresión génica. El siguiente paso en la investigación debería de centrarse en la obtención de datos de expresión génica en tejidos humanos sanos para, al igual que se hace en estudios de las causas moleculares de enfermedades, poder distinguir entre patrones de expresión génica normales y los resultantes de distintos tipos de muerte (1).

2.3. Determinación de la antigüedad de heridas y de manchas de origen biológico

La tasa de degradación diferencial del RNA abre la posibilidad de determinar la antigüedad de una herida (20) o de una mancha biológica (32).

Tanto el grupo de Bauer M, Polzin S & Patzelt D (33) como el de Anderson S et.al (34) observaron que la expresión del mRNA de la troponina 1 variaba con el tiempo en el músculo esquelético contuso o con heridas pero no en ausencia de las mismas. Consecuentemente, se propuso ese transcrito como posible marcador de la estimación de la antigüedad de las heridas. Dicho potencial fue comprobado por otros autores (25).

Alternativamente, Hanson EK, Lubenow H & Ballantyne J (35) y Ohshima T (36) encontraron diferencias significativas en los niveles de degradación del mRNA obtenido a partir de manchas de sangre seca de distinta antigüedad, informando de la existencia de una correlación significativa entre la "edad" de las manchas y la integridad del mRNA que contenían. Dichos resultados eran consistentes a lo largo de muestras de hasta 4-5 años de antigüedad. Los pasos a seguir incluyeron: 1) aislamiento del RNA, 2) retrotranscripción a cDNA y 3) PCR Real Time, en la que el valor Ct es el número de ciclo donde la señal fluorescente detectada sobrepasa un determinado umbral predefinido. De este modo, muestras con un valor de Ct menor serán más recientes (contendrán una cantidad mayor de RNA inicial, por lo que la cantidad necesaria para sobrepasar el umbral será menor y tendrá lugar en ciclos anteriores) y las de Ct mayores representarán manchas de sangre seca más antiguas (la degradación del RNA llevará a una menor cantidad inicial del mismo, por lo que se necesitarán más amplificaciones o ciclos para sobrepasar el umbral). También en este caso otros estudios han corroborado la utilidad del análsiis de la disminución de la integridad del mRNA en la determinación de la antigüedad de manchas de sangre (20, 21). Futuras investigaciones deberán realizarse sobre manchas de distintos fluidos corporales y sometidas a distintas condiciones ambientales.

2.4. Estimación del PMI

La determinación del tiempo transcurrido después de la muerte, denominado intervalo postmortem o PMI, es uno de los problemas más antiguos y difíciles de resolver en el campo de las ciencias forenses, siendo su estimación precisa crucial en la mayoría de investigaciones criminales, civiles y forenses (37).

Hasta la actualidad, los **métodos empleados** para la determinación del PMI se pueden dividir en físicos (cambios en las características corporales externas como el algor mortis (25, 38), el livor mortis (25), las manchas de muerte (39) o los cambios en las temperaturas cadavéricas (37, 39)), fisicoquímicos (distribución y cantidad de rigor mortis (25, 38, 39)), bioquímicos (cambios en la composición química de los líquidos corporales, concentración electrolítica, actividad enzimática (25)) , entomológicos (proliferación y estado de desarrollo de los insectos (25, 38, 39)), microbiológicos (signos de descomposición (25, 38)), botánicos (25) y otros (i.e. naturaleza de los contenidos estomacales (37, 38)). El problema es que todos ellos son aún muy imprecisos.

Tras de la muerte clínica, un gran número de reacciones químicas siguen sucediendo dentro de las células como consecuencia de las enzimas funcionales que permanecen todavía activas y que siguen actuando hasta agotar sus reservas. De este modo, puede haber cambios metabólicos y estructurales específicos a nivel subcelular tras la muerte. Además, estos cambios serán dependientes del tiempo, por lo que cabe la posibilidad de que puedan ser de utilidad en la estimación del PMI. De hecho, muchos métodos han sido recientemente estudiados con el objetivo de encontrar marcadores del intervalo postmortem. Algunos de ellos son: el análisis de la concentración de potasio e hipoxantina en el humor vítreo (37, 38) la calcitonina, la insulina en las células beta pancreáticas, la quinasa calmodulina dependiente II y la proteína fosfatasa 2A, el sustrato de la C-quinasa rica en Alanina miristoilada o la calcineurina A (39). No obstante, estos marcadores también poseen sus desventajas y están pendientes de confirmación a través de estudios con mayores tamaños muestrales.

Otros métodos testados en los últimos años han apostado por estimaciones del PMI basadas en cambios en las células, en algunas proteínas como la Troponina Cardíaca 1, en el nitrógeno no proteico de proteínas solubles totales, en la actividad de la asparático amino transferasa y en la concentración de creatinina (39). En este caso sí que hubo correlación entre todas ellas y el PMI. Por otro lado, Sener M.T et.al (39) indicaron que los parámetros oxidantes y antioxidantes pueden servir como análisis complementarios para estimar el intervalo postmortem temprano (EPI o Early Postmortem Interval) en ratas.

Entre las técnicas empleadas en los estudios postmortem anteriores cabe destacar la citometría de flujo, la electroforesis capilar zonal, la espectroscopia de resonancia magnética y la inmunohistoquímica (25).

A pesar de todos estos esfuerzos, la determinación del PMI sigue siendo complicada debido a factores tanto internos (edad, sexo, estado físico y patológico del individuo, causas y circunstancias de la muerte, estructura corporal, consumo de drogas, duración de la agonía) como externos (temperatura, humedad del aire, actividad animal, localización y condiciones de almacenamiento del cuerpo, otras condiciones ambientales), ya que es prácticamente imposible controlarlos todos.

Del mismo modo que en la identificación de fluidos corporales, se han abierto dos líneas de investigación para encontrar un método definitivo de estimación del PMI, implicando de nuevo tanto técnicas de espectrometría como análisis de RNA.

En cuanto a esta última, la **espectroscopia FT-IR** (Fourier transform infrered spectroscopy) ha sido empleada con éxito para estimar el PMI a corto y largo plazo (al menos hasta transcurridas 168 horas tras la muerte) a través de cambios en los espectros de distintos grupos funcionales en tejidos postmortem de rata (20). Las ventajas de la FT-IR frente a otros métodos radica en su naturaleza no química, lo cual supone una menor influencia en los cambios químicos de los tejidos postmortem. Además, la metodología no requiere de laboratorios excesivamente especializados ni del empleo de procedimientos químicos sofisticados (20). No obstante, se necesitará

41

replicar y verificar el método en muestras humanas antes de poder ser aplicado en la práctica rutinaria de los laboratorios forenses.

2.4.1. Análisis de la degradación proteica y de ácidos nucleicos para estimar el PMI.

Una precisa estimación del PMI requiere de la evaluación de parámetros que cambien constantemente con el tiempo tras la muerte. Es por ello que se están realizando estudios encaminados a determinar el PMI a través de su correlación con la degradación postmortem de DNA, RNA o proteica en diferentes tejidos (20, 38, 39).

En cuanto a esta última, la tecnología SDS-PAGE (electroforesis en gel de poliacrilamida de Dodecil Sulfato Sódico) ha sido empleada para separar proteínas de distinta longitud y así poder determinar el patrón de degradación proteico a medida que el PMI aumenta. Sinha M et. al (38) demostraron con éxito que la concentración proteica por unidad de peso tisular decrece con el tiempo, al menos en muestras de tejido cerebral, pulmonar, cardíaco, pancreático, renal y hepático extraídos durante la autopsia forense y con PMIs largos (do hasta 10 días). Sin embargo, encontraron una gran variabilidad en la velocidad de degradación proteica en función del tejido.

Alternativamente, la degradación postmortem del RNA parece ser rápida y depender del tiempo, estando causada principalmente por la actividad de las RNasas de la propia célula y/o las originadas por bacterias y/u otros tipos de contaminación ambiental (25). A este efecto se le deben añadir otros factores físicos y químicos, siendo los más importantes la temperatura ambiental y la contaminación microbiológica (25).

42

Sampaio-Silva F et. al (25) caracterizaron la degradación de RNA en distintos tejidos postmortem murinos (corazón, pulmón, bazo, hígado, estómago, páncreas, piel y cuadríceps femoral), evaluando su integridad y pureza a las 4 y 20 horas postmortem. No se observaron diferencias significativas en las 4 primeras horas postmortem pero sí una disminución dependiente del tiempo en la integridad del RNA hasta las 11h. A pesar de ello, sólo las expresiones de 2 genes del hígado (Alb y Cyp2E1) y 4 del músculo esquelético cuádriceps femoral (Actb, Gapdh, Ppia y Sro 72) correlacionaron significativamente con el PMI. Los marcadores del cuádriceps femoral permitieron la construcción de un modelo matemático por regresión lineal con un valor predictivo del PMI elevado y un IC95% de ± 51 minutos. Este modelo fue probado bajo condiciones ambientales controladas de temperatura ambiental y en condiciones de muerte por causas naturales pero también con muestras de cuádriceps femoral extraídas 1, 4 y 10 h después de la muerte y sin controlar las condiciones ambientales o microbiológicas, siendo exitoso en ambos casos. En relación a las muestras de corazón, la integridad del RNA disminuía linearmente con el tiempo pero a una velocidad menor, indicando el potencial de este tejido para la estimación de PMIs más largos (de hasta 98 horas al menos). De todos modos, se necesitan más estudios con material humano postmortem para determinar la aplicabilidad de este modelo.

Por otro lado, Birdsill A. C et.al (40) encontraron una correlación negativa significativa entre el PMI y la calidad global (RIN o RNA Integrity Number) y el rendimiento cuantitativo del RNA en muestras con PMIs comprendidos entre 1.5 y 4.5 horas. Esto indica que el porcentaje de tejidos aprovechables para estudios moleculares disminuye con el PMI. No obstante, dicho estudio fue realizado exclusivamente a partir de muestras de tejido cerebral de un área concreta, por lo que sus resultados pueden ser distintos si se analizan otros tejidos o zonas. Sin embargo, no se han encontrado hasta la fecha diferencias significativas en la calidad de RNA de distintas regiones de un mismo cerebro (40). La expresión de los genes ADAM9, LPL, PRKCG y SERPINA 3 se vio significativamente disminuida con el aumento del PMI. Además, no hubo correlación entre la calidad del RNA y el sexo, la edad o el grupo diagnóstico de los individuos y el almacenamiento prolongado de tejidos congelados no redujo la calidad del RNA.

Estos resultados han sido corroborados por múltiples estudios (1, 25, 40) demostrando que, a pesar de que el aumento del PMI tiene una amplia variedad de efectos en transcritos de genes individuales, la tendencia general es a la disminución aparente de los niveles de transcripción.

Tanto Heinrich M et.al (21) como Birdsill A. C et.al (40) encontraron una variabilidad elevada en la degradación del RNA en tejidos diferentes extraídos de individuos distintos, característica ya establecida por otros autores (23). De hecho, Sampaio-Silva F et. al (25) observaron que aquellos tejidos más ricos en RNasas (piel y páncreas) presentaban RINs más bajos.

No obstante, la aplicación del mRNA en la determinación del PMI tampoco está exenta de discrepancias. A pesar de que muchos artículos sostienen que las medidas globales de calidad del RNA total son relativamente estables a lo largo de un intervalo amplio de PMIs, otros apuntan hacia una pérdida definitiva de la misma dependiente del tiempo (40). Estudios con distintos tipos de RNA también difieren en sus conclusiones, algunos indicando estabilidad y otros pérdidas significativas de transcritos de mRNAs específicos a medida que el PMI aumenta (40). Sin embargo, ninguno de estos resultados puede generalizarse debido al empleo de un número de mRNAs distintos demasiado bajo, lo que implica que se

44

necesitan más estudios para determinar si el RNA es efectivamente degradado postmortem (40).

A estas contradicciones hay que añadir que muchos estudios previos no encontraron correlaciones significativas entre el PMI y las medidas globales de calidad de RNA (25, 40, 41). De hecho, algunos autores han publicado recientemente que la cuantificación de la degradación del RNA (medida mediante el Ct) no correlaciona con el PMI a pesar de ser cuantificada con éxito mediante PCR GAPDH a tiempo real en muestras de distintos tejidos con PMIs de 15-118 horas (37).

Estas **discrepancias en los resultados** pueden deberse a diferencias en: **a)** tamaños muestrales (normalmente bajos, lo que lleva a intervalos de confianza o ICs demasiado elevados) (25), **b)** poder estadístico, **c)** metodología (fuente de variabilidad que debe ser prevista mediante el empleo de una técnica consistente (i.e. el empleo de Trizol en la extracción de RNA dio valores RIN mucho menores que RNeasy Mini kit de Qiagen y la extracción mediante guanidinio tiocianato-fenol-cloroformo es más eficaz si se le añade un paso de digestión del gDNA con DNasas y libre de RNasas para lograr una mayor purificaión del RNA (25)), **d)** grado de inconsistencia en el aislamiento del RNA, **e)** variabilidad entre individuos (típicamente grande en tejidos humanos postmortem, lo que a menudo impide alcanzar la significatividad estadística deseada), **f)** variabilidad tisular de la actividad ribonucleasa (en estudios comparativos en cuanto a tejido), **g)** rango de vida media fisiológica de distintos transcritos (desde 15 min hasta más de 50 horas (40)) **o h)** condiciones ambientales; así como otros parámetros antemortem y postmortem desconcocidos e imposibles de controlar (25).

Como se ha mencionado en puntos anteriores, la correcta elección de los genes de referencia es también un factor clave. A pesar de que varios estudios (25) describieron dificultades en encontrar un gen de referencia "universal" y con una expresión estable para el análisis del PMI en todos los tipos celulares y tisulares, el Rps29 ha demostrado un importante potencial como control endógeno. El principal motivo es su estabilidad durante la evaluación del PMI en todos los tejidos estudiados (corazón, hígado y cuádriceps femoral) (25). Además, su transcripción mostró las variaciones más bajas en la expresión génica entre PMIs y órganos distintos, por lo que este gen puede asumirse estable en muestras post-mortem (25).

Estudios futuros deberán centrarse en identificar la influencia de varios parámetros sobre el PMI (i.e causa de la muerte, edad, sexo, BMI (Body Mass Index), duración de la agonía, condiciones de almacenamiento del cuerpo, condiciones ambientales de temperatura y humedad, etc). Aun así, muchas investigaciones apuestan por una estimación del PMI basada en la combinación de diferentes métodos (25) con el objetivo de acotar aún más los márgenes de error debidos al empleo de procedimientos únicos. Por ejemplo, algunos autores basan la estimación del PMI en la diferencia en las tasas de degradación del mRNA y el rRNA (20) y otros han encontrado una correlación entre el PMI y ciertos rRNAs extraídos a partir de tejidos postmortem murinos.

2.5. Otros usos

El estudio del mRNA también puede emplearse para recopilar información acerca de los patrones de expresión asociados a **desórdenes psiquiátricos** (42), lo cual últimamente está siendo llevado a cabo en muestras de tejido cerebral postmortem a través de técnicas de NGS (Next Generation Sequencing). También puede servir para investigar cambios en los patrones de expresión génica debidos al **abuso del alcohol y las drogas**

(21), así como los asociados a venenos, a ciertas enfermedades como el cáncer (3) o a distintos componentes ambientales.

Además, varios estudios de trascritos de mRNA han demostrado que la **muerte cerebral o BD** afecta a los tejidos cardíaco (43, 44) y renales humanos (44 - 46), ocasionando en ellos diferencias de expresión en ciertos genes al compararlos con individuos control (muerte natural). Por ejemplo, la expresión relativa de los mRNAs de la molécula de adhesión intercelular 1, la molécula de adhesión vascular 1, la interleucina beta 1 y la interleucina 2 difirieron significativamente entre los corazones de individuos fallecidos por muerte cerebral y los control, siendo aproximadamente 2.4-2.6 veces mayor en los primeros (47). Sin embargo, la muerte cardíaca no parece afectar al tejido renal (45). Ello es de especial importancia en transplante de órganos (i.e. corazón) cuando el donante ha sufrido una BD.

Otro campo de investigación que surgió de los avances en las técnicas de secuenciación es el empleo del análisis del RNA en **estudios arqueológicos** paleotranscriptómicos o de ancient DNA, donde ha demostrado ser útil en la obtención de información acerca de la domesticación de las cosechas (20).

Por otro lado, el incremento en el desacoplamiento entre los perfiles de expresión del mRNA y los proteicos detectado durante el **envejecimiento** cerebral de macacos y humanos puede estar relacionado con reguladores postranscripcionales específicos, tales como las RPBs y los miRNAs (8). De este modo, los genes diana y los predichos como dianas de la regulación postranscripcional dependiente de la edad podrían estar relacionados con procesos biológicos importantes en el envejecimiento y con la extensión de la esperanza de vida, tales como la ruta mTOR, la función mitocondrial o el Alzheimer (8). Se ha propuesto que una reducción global de la traducción de

47

mRNA podría promover un envejecimiento saludable, permitiendo la reparación endógena de proteínas y de la maquinaria de degradación para mantener la homeostasis proteica de cara al daño proteico y la agregación (8).

En cuanto a la **integridad del RNA**, algunos autores han publicado la existencia de una relación significativa pero inconsistente entre los niveles de mRNA y la edad del individuo al morir. Otros sostienen que las mujeres suelen presentar valores menores de integridad de mRNA que los hombres. Sin embargo, otros científicos fueron incapaces de establecer dichas correlaciones (40). También se han publicado variaciones en los niveles de expresión génica en función de la población de origen (i.e. asiáticos vs europeos) (32). De verse corroborados, estos estudios abrirían nuevas aplicaciones del RNA en el ámbito forense (i.e. identificación del sexo, la edad o la población de origen en un individuo).

En relación a la posible **estimación de la edad** de un individuo a partir del análisis de RNA de sus fluidos corporales, los resultados del estudio de Jakubowska J et.al (18) comentado en el apartado de identificación de fluidos corporales indicaron que la edad puede afectar la presencia de amplicones baterianos de rRNA. De este modo, las muestras de fluido vaginal obtenidas de niñas de 4 a 12 años no contenían productos bacterianos pero sí se detectaban tanto los transcritos del gen de referencia como los de los marcadores de mRNA específicos de secreciones vaginales. Esto es muy importante en casos de crímenes sexuales, ya que la ley castiga de forma distinta a los violadores en función de la edad de la víctima (i.e. pederastia).

También se ha demostrado que el pH vaginal, la composición microbiana y el nivel de bacterias tipo *L. crispatus* y *L.gasseri* pueden correlacionar con el grupo étnico (i.e. asiático, blanco, negro o hispano) (18), una información especialmente útil para descartar posibles víctimas (aunque a menudo son conocidas) y/o sospechosos (en casos poco frecuentes en los que el asaltante sea una mujer).

Otras aplicaciones del análisis de mRNA en el ámbito forense son los análisis toxicogenéticos, la determinación del desarrollo del vuelo en entomología forense, la detección del embarazo postmortem o el establecimiento del estatus funcional de las células y órganos postmortem (3, 48).

2.6. Limitaciones del análisis de mRNA

Trabajar con tejidos humanos postmortem es sinónimo de lidiar con integridades altamente variables de RNA, lo que impide la reproducibilidad de los resultados. De este modo, los problemas principales en el análisis de mRNA están relacionados con su baja estabilidad y con su susceptibilidad a la degradación postmortem.

La vida media de los ácidos nucleicos está limitada por varios factores tanto endógenos (estructura, naturaleza de las bases, los azúcares y los residuos de fosfato, etc) como exógenos (pH, cationes metálicos, luz ultravioleta, oxígeno y agua, etc) (20). La calidad del tejido también puede verse influida por factores antemortem (i.e fiebre, hipoxia, acidosis) y postmortem (i.e. pH, PMI, temperatura ambiental y de almacenamiento, recongelación y descongelación) (40). Además, la estabilidad y longevidad del mRNA depende de procesos distintos si su degradación ocurre en células vivas, en manchas de fluidos biológicos o en tejidos postmortem, como ha sido publicado por Vennemann M & Koppelkamm A (1):

En el caso de **células vivas**, la vida media del RNA está determinada por elementos de secuencia específicos, de modo que los mRNAs de vida corta contienen elementos de secuencia con una gran cantidad de nucleótidos de uracilo y de adenina. Estos elementos ricos en AU (ARE) están localizados en la región 3'-UTR y marcan al mRNA para su rápida degradación por RNasas, enzimas altamente reactivas y omnipresentes capaces de romper el mRNA en dirección 3'-5'. A parte de esta orientación, la rotura del RNA que empieza desde el extremo 5' también ha sido descrita una vez eliminada la caperuza de metilguanosina (1).

Debido a que el proceso de expresión génica es complejo y requiere de numerosos pasos (i.e. transcripción, procesamiento del mRNA, transporte de los mRNAs maduros al citoplasma y traducción completa), pueden ocurrir errores que lleven a la terminación del mismo, normalmente a nivel postranscripcional o durante la traducción. Además, pueden aparecer mutaciones sin sentido durante la replicación de DNA o síntesis del mRNA. Como consecuencia, existen numerosos mecanismos de control para diferenciar entre transcritos intactos y desemparejados. Una vez que el mRNA desemparejado es detectado, su rápida degradación es asegurada para evitar su traducción (1). La degradación controlada del mRNA es un método de regulación de la traducción y, por ello, de la cantidad de producto génico obtenido.

Por otro lado, las **manchas biológicas** suelen contener cantidades mínimas de material celular, pudiendo estar degradadas o contaminadas e incluso tener orígenes múltiples (26). A pesar de ello, Zubakov D et.al (49) fueron capaces de identificar marcadores de mRNA específicos de sangre y saliva que mostraron patrones de expresión estables en manchas almacenadas durante máximo 180 días. Este descubrimiento da esperanza en cuanto al uso del mRNA en la identificación de fluidos biológicos a partir de muestras de gran antigüedad. Adicionalmente, Bauer M & Patzelt D (50) encontraron cantidades altamente variables de transcritos de beta-actina y ciclofilina A en manchas de sangre de aproximadamente 15 años de antigüedad. Un estudio más comprensivo sobre la influencia de varias condiciones de almacenamiento en el análisis de diferentes transcritos (51) demostró que la detección de mRNA en muestras almacenadas en sitios cerrados (a temperatura ambiente) es posible incluso pasados 547 días. Finalmente, varios científicos han probado que el mRNA es altamente estable no sólo en manchas almacenadas bajo condiciones controladas sino también en aquellas sometidas a distintas condiciones ambientales (17).

En cuanto a los **tejidos postmortem**, durante mucho tiempo se consideró que las RNasas destruían los transcritos de los genes muy poco después de la muerte (1). Sin embargo, estudios recientes podrían indicar que el aislamiento del RNA intacto es posible incluso varios días postmortem. A parte de la degradación enzimática, el decaimiento del RNA también puede estar influenciado por factores externos como la luz solar, la humedad o las altas temperaturas durante el intervalo postmortem (PMI). La integridad del RNA puede diferir también entre distintos tipos tisulares al igual que entre donantes (1). La explicación de ésto último podría estar relacionada con la causa de la muerte. Por ejemplo, la degradación del RNA en el cerebro humano parece estar acelerada si el fallecido recibió un cuidado intensivo y /o presentaba acidosis cerebral (1). Además, los siguientes factores están siendo actualmente discutidos en cuanto a su influencia en la integridad del RNA: el sexo, la edad en la muerte, cierta medicación, el coma terminal, la hipoxia, la pirexia y la deshidratación (1). El abuso de alcohol y drogas así como varios tipos de estrés también parecen correlacionar con bajas integridades de RNA (1). Adicionalmente se ha observado que, en tejido muscular esquelético humano postmortem (M. iliopsoas), la obesidad está correlacionada con el RNA desemparejado (datos no publicados todavía (1)).

A pesar de que la degradación adicional de RNA puede ser reducida mediante un correcto almacenamiento de las muestras, investigar con tejido humano postmortem va asociado con la obtención de RNA desemparejado que puede influenciar en los resultados de los análisis cuantitativos de la expresión génica. Diferencias pequeñas de expresión pueden no ser detectables en tejidos postmortem (1). Otro problema en relación a muestras de tejido humanas en general son las poblaciones muestrales heterogéneas, ya que los parámetros ante y postmortem no pueden ser modificados y a veces no son ni siquiera conocidos. Por ello, es necesaria una serie de precauciones para asegurar que los datos son de hecho significativos biológicamente, entre los cuales destacan una recogida precisa y correcta de las muestras usadas como réplicas biológicas, una validación del método y estrategia de normalización adecuadas, la investigación de la influencia de la degradación en la cantidad de transcrito de los genes de interés y la interpretación cuidadosa de los datos obtenidos.

Además, los factores que influyen en la tasa de degradación del RNA son únicos en distintos contextos postmortem. Por ejemplo, la degradación de RNA en un cadáver o en partes corporales se debe principalmente a la actividad enzimática previamente descrita de las ribonucleasas o RNasas ya presentes en las células (endógenas) y/u originadas por bacterias u otro tipo de contaminación ambiental (exógenas) (25), estando la tasa de decaimiento intracelular de RNA relacionada con la presencia de motivos ricos en AU en su secuencia (20). Sin embargo, en materiales biológicos secos tales como manchas de saliva o sangre, así como en tejido momificado, la actividad de las RNasas se ve significativamente reducida debido a la deshidratación, de modo que la degradación del RNA es llevada a cabo principalmente por factores físicos y químicos (20). Inevitablemente, procesos térmicos, químicos y de almacenamiento también pueden contribuir a la degradación del RNA inmediatamente después de la muerte, de modo que el nivel de degradación del RNA en tejidos postmortem variará en función de los mismos (20, 25). Todos estos factores deben tenerse en cuenta a la hora de seleccionar los marcadores de RNA a emplear en las distintas investigaciones forenses.

2.6.1. Estabilidad diferencial entre distintos tipos de RNA y el DNA

Mientras que los fragmentos de DNA de calidad suficiente para ser analizados por PCR convencional suelen tener una supervivencia de al menos 100000 años en las temperaturas más frías de la Tierra (20), esta cifra es mucho menor en el RNA. Estas diferencias de estabilidad tienen sentido si se analizan desde un punto de vista funcional:

El DNA es el portador de la información genética que va a pasarse a las futuras generaciones y, por ello, su estabilidad es fundamental para asegurar la transferencia correcta de dicha información de las células a sus células hijas. Sin embargo, una vida media corta en el RNA es indispensable para la regulación génica (21), ya que evita la acumulación de ciertos mRNAs y, por lo tanto, controla la cantidad de proteínas presentes en la célula en un momento dado (1). Como se ha visto con anterioridad, la degradación in vivo del RNA es principalmente llevada a cabo por enzimas RNasas altamente reactivas.

El mayor responsable de la inestabilidad del RNA es el grupo hidroxilo que contiene en la posición 2' de su azúcar (2'-OH) que, cuando está presente en regiones flexibles de la molécula, tiene la habilidad de atacar químicamente a los puentes fosfodiéster adyacentes (20). Dicho grupo no forma parte de la estructura del DNA, lo que hace que sus enlaces fosfodiéster sean 200 veces más estables que los del RNA a pH neutro y en presencia de concentraciones fisiológicas de Mg 2+ (20). Por otro lado, el RNA es más susceptible al daño hidrolítico que el DNA bajo ciertas condiciones, como la presencia de cationes tipo Ca2+ y de metales transicionales (20), o las condiciones alcalinas intracelulares. Todos estos componentes son ubicuos y esenciales para todo organismo vivo, lo que agrava la situación considerablemente, en especial en especímenes forenses y arqueológicos (muy proclives a tener contacto con dichas condiciones) (20). Además, los ácidos nucleicos de simple cadena como el mRNA son también más inestables que los de doble cadena (i.e. DNA) (3).

Sin embargo, en algunos contextos el RNA es más estable que el DNA. Las alteraciones en el DNA ocurren a través de la depurinización y depirimidación, que causan la eliminación de los azúcares de las respectivas bases mediante la hidrólisis del enlace beta-N-glycosyl que las une. Esto lleva a la sustitución de la purina o pirimidina por un grupo hidroxilo (20). En cambio, los enlaces N-glycosidic del RNA son más fuertes y de ahí sus menores tasas de depurinización (entre 100 y 1000 veces más lentas (20)). Esta ventaja podría ser significativa para la supervivencia del RNA a largo plazo en tejidos postmortem, ya que la fragmentación del DNA debida a la depurinización hidrolítica es de las reacciones químicas espontáneas más rápidas que limitan la vida media del ancient DNA (aDNA) amplificable (20).

Otra característica que favorece la integridad del RNA frente al DNA es su alta capacidad de formación de estructuras secundarias y terciarias que pueden tener un efecto distinto en la tasa y especificidad de la hidrólisis del enlace fosfodiéster, contribuyendo a la reducción de los efectos de degradación del RNA postmortem (20). Por ejemplo, el RNA ribosómico (rRNA) suele estar parcialmente en forma de doble cadena y formando estructuras secundarias, lo que le hace más estable que el RNA mensajero (mRNA) (20). Las estructuras terciarias estabilizan aún más el RNA a través de interacciones iónicas (20). Por ejemplo, el Mg2+ estabiliza la estructura nativa terciaria del RNA de transferencia (tRNA) (20). Esta discrepancia en la vida media de los distintos tipos de RNA es clave para una correcta regulación de la expresión génica.

Finalmente, uno podría esperar la persistencia del RNA en ciertos tipos de tejidos y/o condiciones ambientales, en especial si existe algún tipo de barrera protectora o estructura macromolecular entre el ambiente y los ácidos nucleicos. Estas barreras protegerían el RNA de las dos mayores fuentes de degradación (oxígeno y agua), al igual que de otros factores ambientales. Ejemplos de este tipo de protección son los especímenes arqueológicos (i.e. cápsulas de semillas y viriones) y los tejidos FFPE almacenados (FFPE=Formaldehyde Fixed-Paraffin Embedded) (20).

2.6.1.1. Diferencias en la longevidad del RNA en función del tejido

En cuanto a las diferencias en la longevidad del RNA según el tejido, Marchuk L et.al. (52) indicaron que el RNA permanece inalterado hasta 96 horas postmortem en el tejido cerebral, cartílago, ligamiento, tendones y pulmonar. Por su parte, Inoue H, Kimura A & Tuji T (53) publicaron una estabilidad del rRNA a largo plazo en el hígado (2 días) y en el cerebro (7 días). El tejido adiposo deshidratado presenta una prolongación significativa de la integridad del RNA ya que, como se ha comentado anteriormene, la falta de agua reduce la actividad de las RNasas. De hecho, se ha detectado de modo similar RNA de muestras de sangre seca de hasta 16 años (20), de saliva de hasta 7 días y de secreciones vaginales de hasta 180 días (1). También ha sido posible la detección de RNA total y mRNA de hueso trabecular y médula ósea en muestras de 5 días postmortem mediante RT-PCR (20). Adicionalmente, King A, Flinter FA & Green PM (54) sugirieron que la raíz de los pelos podría ser una fuente importante de mRNA para tests genéticos, siendo posible la recuperación de mRNA tras 10 días de almacenamiento a temperatura ambiente. Para añadir más complejidad a la ecuación, transcritos de mRNA diferentes presentan vidas medias distintas, siendo degradados en un periodo de tiempo que varía entre minutos y varios días (1).

Todo esto demuestra que cantidades informativas de RNA pueden sobrevivir a nivel postmortem en función del tejido y de las condiciones de muerte y enterramiento (los estudios indican una supervivencia que va desde días hasta siglos (20)). De hecho, muchos son los autores que han conseguido extraer por diversos métodos una cantidad de RNA de calidad suficiente para análisis moleculares a partir de distintos fluidos biológicos y tejidos postmortem humanos (1, 13, 16, 21, 27, 32, 41). Esto se cumplió incluso en muestras muy antiguas (3). Sin embargo, se debe enfatizar que la mayoría de las investigaciones forenses relacionadas con el RNA se han llevado a cabo en condiciones controladas con muestras almacenadas en condiciones ambientales conocidas. La exposición de las mismas a la luz solar, la humedad, las altas temperaturas u otros factores desfavorables podrían llevar a la pérdida total de RNA extraíble o acelerar la fragmentación del mismo. Por ello, es necesaria la realización de nuevos estudios que caractericen la supervivencia a largo plazo del RNA tanto en condiciones de laboratorio como en casos verídicos.

2.6.2. Influencia de la metodología empleada en el análisis del RNA

Los perfiles moleculares también pueden verse afectados significativamente por los métodos de extracción, adquisición, almacenamiento, transporte, fijación, procesado y preservación de los tejidos postmortem empleados.

La fijación química de las células modifica químicamente sus proteínas y otros compontes de las mismas para prevenir su pérdida. Sin embargo, muchos de los protocolos fallan en preservar la estructura tanto de éstas como de los ácidos nucleicos. Ello limita la extracción de una cantidad de RNA o proteína suficientes y con una calidad adecuada para poder ser posteriormente analizados molecularmente. Existen varios factores de **prefijación, intrafijación y postfjación** implicados en el mantenimiento del estatus in vivo del tejido humano ex vivo y que pueden emplearse para minimizar al máximo estas desventajas.

Uno de ellos es el tiempo de prefijación, que debe reducirse al mínimo para minimizar la degradación del RNA y de las proteínas, especialmente en tejidos con altos niveles de RNasas y proteasas (i.e. páncreas, vesícula biliar, piel)

Otro hace referencia a los **fijadores**. Así pues, el formaldehído no permite una extracción de RNA eficaz debido a una lisis celular incompleta y a las RNasas de algunos tejidos (55). También se ha sugerido que el RNA puede ser degradado durante la fijación o verse imposibilitada su extracción debido a su unión cruzada con proteínas o a modificaciones químicas (55).

Igual que con el DNA, el formaldehído reacciona con el RNA y forma en última instancia puentes de metileno entre grupos amino (55). Como la adenina es la base más susceptible de ser atacada, podría ser que las colas poli A de los mRNAs fijados por este método fuesen modificada extensamente (55). Como consecuencia, los oligo(dT)s no alinearían bien con dicha cola y la síntesis de cDNA no se realizaría correctamente.

Además, si el RNA ya presentaba cierta degradación es posible que no contenga simultáneamente las colas poli A y las áreas diana de la amplificación por PCR. Este problema condujo a la propuesta por parte de varios científicos de emplear random primers en la síntesis de cDNA en lugar del aislamiento en lote de mRNAs con oligo(dT)s (55).

El formaldehído también induce la agregación de proteínas (incluídas las RNasas) bajo condiciones de alta humedad relativa (80%) (55), lo que compromete la extracción de RNA a partir de tejidos almacenados por un cierto tiempo.

El problema es que las muestras de tejidos fijadas con formaldehído y embebidas en parafina (FFPE) son la forma más común de coleccionar tejido patológico. A pesar de ésto se ha demostrado que, cuando se almacenan adecuadamente, el RNA puede ser detectado hasta 40 años después de haber sido fijado el tejido. Por ejemplo, hay perfiles de expresión diferenciales entre muestras malignas y benignas de tumores obtenidos a partir de tejidos FFPE almacenados hace tiempo.

A parte de servir para diagnóstico y detección de cáncer y otras enfermedades, el RNA fijado de este modo ha jugado un papel importante en estudios retrospectivos de evolución y surgimiento de ciertos patógenos (i.e. Spanish influenza y el virus de la inmunodeficiencia humana tipo 1 o HIV-1).

No obstante, para solucionar los problemas anteriormente planteados se ha sugerido el uso de otros fijadores que preservan mejor tanto los ácidos nucleicos como las proteínas, a saber: el glutaraldehído, la genipina, el etanol y el metanol (55). Otra alternativa es el empleo de mezclas fijadoras, algunas de las cuales se listan a continuación:

- Carnoy: compuesta por etanol al 60%, cloroformo al 30% y acido acético glacial al 10%. Preserva la integridad tisular y del RNA/DNA.

- Metacarn: metanol al 60%, cloroformo al 30% y ácido acético glaciar al 10%. Se trata de una modificación del Carnoy que permite una excelente preservación del RNA tisular, reduce la contaminación por DNA genómico y se cree que precipita las proteínas ribosomales en las células, inactivando las RNasas endógenas o enmascarando al mRNA de su acción.

- Acetona (AMeX).

- Fijación HOPE: da suficiente cantidad de DNA y RNA de buena calidad incluso después de 5 años, pudiendo ser empleado en análisis molecular por PCR, RT-PCR e hibridación in situ.

- Irradiación microondas (MW): estabiliza el RNA sin emplear compuestos químicos, los cuales extraerían componentes tisulares. Sus desventajas son la rotura de los glóbulos rojos, la contracción tisular y el tejido esponjoso (55).

Sin embargo, para poder identificar el mejor método de fijación será necesario comparar los perfiles moleculares obtenidos a partir de tejidos frescos, tejidos congelados inmediatamente tras la extracción y muestras del mismo tejido fijadas con distintos fijadores.

Otro de los factores implicados en la alta variabilidad de los resultados son los **métodos de extracción y detección del mRNA**. Se han realizado varios experimentos para encontrar el método de extracción que obtuviese una mayor cantidad de mRNA de alta calidad (2, 48). Así pues, Heinrich M et.al (21) recomiendan seguir unas buenas prácticas de laboratorio para prevenir la contaminación cruzada entre distintos tejidos o individuos; así como añadir un paso de purificación post-extracción mediante DNasas para eliminar el gDNA contaminante, el cual reduciría la eficacia de la PCR. También podría ser útil la adición de inhibidores de RNasa a esta reacción para evitar la degradación del mRNA durante el tiempo de incubación necesario para que la DNasa actúe. Sin embargo, añadir un paso de purificación antes de la transcripción inversa con el objetivo de eliminar los inhibidores de PCR del extracto puede echar a perder hasta el 50% de la muestra (al menos con el RNeasy Mini Kit de Qiagen), incrementando el valor Ct hasta en un ciclo tras la PCR real-time. A pesar de ello, estos cambios en el protocolo de extracción siguen considerándose útiles, ya que eliminan los inhibidores de PCR del extracto. En el futuro se espera disponer de protocolos de purificación mejorados que reduzcan al mínimo la pérdida de muestra y que a su vez mantengan las ventajas comentadas.

Por otro lado, el grupo de Grabmüller M et.al (48) comparó 5 kits comerciales de extracción de RNA y de co-extracción de DNA/RNA. Los resultados indicaron que el AllPrep DNA/RNA Mini Kit era el mejor para obtener conjuntamente perfiles STR y de mRNA válidos, mientras que para la extracción exclusiva de RNA el primer puesto era para el NucleoSpin miRNA kit. Este último kit es el único que incluye el paso de digestión de DNasa libre de RNasas previamente mencionado. Otros científicos también obtuvieron un éxito considerable con el RNeasy Mini kit y el mirVana miRNA Isolation Kit (48). Sin embargo, ninguno de estos métodos satisface todas las demandas de un co-análisis comprensible de RNA y DNA y parece ser que cada uno tiene sus pros y contras específicos. Por lo tanto, se recomienda elegirlos con cuidado y en función de las necesidades de cada diseño experimental.

En cuanto a **la integridad del RNA**, es necesaria su medida precisa para poder interpretar correctamente los resultados de expresión génica cuantitativa. Hasta ahora, el ratio de rRNA 28S/18S era el método de estimación más común (32). Desafortunadamente, se ha observado que sólo correlaciona débilmente con la integridad del RNA (32), lo que llevó a su sustitución por el RNA Integrity Number (RIN). Dicho número usa una combinación de electroforesis microcapilar microfluídica y de detección por fluorescencia (32), dando un valor de la estabilidad del RNA extraído más fiable.

Para finalizar este apartado, mencionar que una de las posible soluciones al problema de las altas tasas de degradación de transcritos de mRNA podría consistir en la reducción de la longitud de los amplicones mediante la selección de primers apropiados, ya que los fragmentos más cortos son menos susceptibles a ser degradados con el paso del tiempo (18). Esto se ve reflejado en la mayor estabilidad de los microRNAs, cuya aplicación en el ámbito forense es discutida a continuación.

CAPÍTULO 3: USOS Y LIMITACIONES DEL MIRNA

3.1. Identificación de fluidos biológicos

Anteriormente se han comentado las posibilidades de emplear el análsis de mRNAs en la identificación de fluidos biológicos. Sin embargo, uno de los problemas asociados a este tipo de ensayos es que el tamaño de los productos amplificados (aproximadamente de 200-200 nt) podría no ser ideal para muestras degradadas o comprometidas, típicas de muchos casos forenses (35). Recientemente ha habido un creciente interés en la utilización de los miRNAs para la identificación de fluidos corporales. Mediante su análisis se pretenden eliminar las desventajas de los métodos tradicionales y de los ensayos de mRNA, ya que estos RNAs pequeños no codificantes presentan una mayor estabilidad y vidas medias comparativamente más largas (1).

Puesto que los patrones de expresión génica son específicos de tejido y los miRNAs son elementos reguladores de dicha expresión, se espera que la presencia de determinados miRNAs también sea tejido dependiente. De hecho, muchos estudios lo han corroborado (12, 18, 32, 35).

Por ejemplo, el equipo de Hanson E.K, Lubenow H & Ballantyne J (35) logró desarrollar un panel de 9 miRNAs (miR451, miR16, miR135b, miR10b, miR658, miR205, miR124a, miR372, and miR412) que permitía identificar de modo diferencial y significativo manchas secas de sangre, semen, saliva, secreciones vaginales y de sangre menstrual de hasta 50 pg de RNA total. Además este panel resultó ser altamente específico, ya que los perfiles de expresión de miRNAs de cada fluido corporal no sólo eran distintos de los obtenidos a partir del resto de fluidos biológicos analizados, sino también de los correspondientes a otros 21 tejidos humanos diferentes.

Sin embargo, otros autores (3) sólo han podido replicar estos resultados en muestras de sangre y semen. Posibles explicaciones de dichas discrepancias incluyen el empleo de distintas aproximaciones metodológicas e interpretativas y los tamaños muestrales inadecuados. No obstante, y dado que los miRNAs escogidos por ambos grupos son completamente exclusivos y no solapantes, se podrían utilizar varias combinaciones de distintos miRNAs diferencialmente expresados para identificar inequívocamente el origen de cada fluido corporal (3).

Adicionalmente, el uso de marcadores de miRNA también ha permitido la diferenciación entre la sangre menstrual y la circulatoria, así como la detección de semen incluso en ausencia de espermatozoides (3).

Otros métodos útiles en la identificación de fluidos biológicos incluyen los perfiles de metilación diferencial del DNA en sitios cromosómicos específicos (26). El principal inconveniente es su alto coste y complejidad, lo que dificultará su traslado a la escena del crimen (12).

En estas investigaciones también pueden surgir discrepancias en los resultados de diferentes laboratorios (i.e. diferentes métodos de análisis), haciendo crucial el desarrollo de un método robusto, específico y sensible para analizar el miRNA.

En cuanto a la metodología empleada para la retrotranscripción de miRNA, Dunnett H, van der Meer D & Williams GA (56) han demostrado que tanto la stem-loop inversa como la extensión de cola poli A son válidas para la síntesis de cDNA a partir de miRNAs maduros. Sin embargo, esta última produce una mayor amplificación, por lo cual es recomendada en casos con cantidades bajas o traza de muestra. Por otra parte, el paso de digestión con DNasa no afectó a la capacidad de diferenciación entre sangre y saliva. Esto contrasta con el efecto causado en el mRNA, cuyo análisis se vió ampliamente favorecido (21).

Al igual que se mencionó en el apartado dedicado al mRNA, una co-extracción DNA/microRNA favorecería la introducción de estos RNAs pequeños no codificantes en la práctica rutinaria de los laboratorios forenses.

3.1.1. Co-extración DNA/microRNA.

Son bastantes las investigaciones forenses que necesitan establecer la identidad de los fluidos corporales de los cuales se ha obtenido el perfil de DNA. Ello cobra especial importancia en aquellos casos relacionados con asaltos sexuales (en los que ha de distinguirse entre saliva y material vaginal) o en los que hay muy poca cantidad de fluido corporal presente (i.e. cantidades traza de sangre en una superficie oscura) (28). Por lo tanto, el análisis conjunto de DNA y microRNA podría ser de gran utilidad en este campo.

Ha habido varios intentos de lograr una coextracción y posterior aislamiento diferencial que permitan la obtención de perfiles de DNA y miRNA válidos, de entre los cuales destaca el protocolo establecido por Willis G (28), consitente en los siguientes pasos: **1)** Coextracción simultánea mediante el QIAmp DNA Mini kit, quedando el miRNA en el eluyente debido a su pequeño tamaño y gran abundancia en el interior celular; **2)** Síntesis de cDNA mediante stem-loop RT-PCR (método que alarga el marcador de miRNA antes de la amplificación), realizada con una versión modificada del Amp/STR NGMElect Kit (ABI) en la que se incorporaron primers de miRNAs marcados (concretamente, los primers eran complementarios a los marcadores de los miRNAs 205 y 451, que son específicos de saliva y de sangre, respectivamente); **3)** Separación por EC (ABI Prism 310 genetic analyzer); **y 4)** Obtención de un único electroferograma que indica tanto el perfil de DNA obtenido de la mancha de fluido corporal como su origen biológico. Este protocolo presentó una tasa de aciertos del 100% en la identificación de las manchas utilizadas (sangre y saliva).

Las **ventajas** de esta técnica con respecto a otros métodos de coextracción son: **1)** modificaciones mínimas, **2)** reducción de las oportunidades de contaminación, **3)** coste-eficacia y **4)** obtención de la naturaleza e identidad del individuo que dejó la mancha en un único electroferograma.

Otros investigadores han logrado una coextracción DNA/miRNA óptima para análisis molecular forense a partir de saliva y sangre mediante un método que combina el mirVana miRNA Isolation kit y el AllPrep DNA/RNA Mini kit (48). Trabajos futuros deberían centrarse en identificar y caracterizar marcadores para el resto de fluidos corporales, así como en el desarrollo de un panel más completo que posea un sistema de determinación de perfiles de DNA optimizado.

3.2. Otros usos

Cientos de miRNAs se expresan en el cerebro, siendo cruciales para su correcto funcionamiento. De hecho, la pérdida de miRNAs en ratones causa cambios en: a) la expresión proteica sináptica, b) la transmisión sináptica, c) la morfología de las espinas dendríticas, d) el aprendizaje y e) la memoria

(6). También se ha demostrado que el TBI (Traumatic Brain Injury o daño cerebral traumático) altera la expresión de los miRNAs en el hipocampo (6). Debido a que los cambios en la expresión de miRNAs concretos parecen influenciar la expresión de sus mRNAs diana, es posible que los miRNAs jueguen un papel importante en la regulación de la expresión génica en el TBI, pudiendo ser empleados para determinar esta causa de muerte a nivel postmortem (6).

Por otro lado, se ha publicado que la tipificación de tan sólo 200 miRNAs da mejores resultados en la clasificación de tumores poco diferenciados en comparación con los perfiles de mRNA (3, 32), sugiriendo que el miRnoma representa de modo más preciso y significativo el tipo celular y la condición del transcriptoma (3).

Además, los miRNAs ejercen un papel importante en la regulación posttranscripcional de los cambios en la expresión génica asociados a transiciones específicas del desarrollo y a la longevidad durante el envejecimiento en una gran cantidad de organismos modelo, que van desde la levadura hasta el ratón o incluso el propio humano (8). De hecho, Wei YN et.al (8) encontraron cambios significativos en los niveles de expresión (en transcritos por millón de lecturas o TPM) de los miRNAs dependientes de la edad.

Finalmente, la aplicación del análisis transcriptómico para DVI (Disaster Victim Identification) ha sido descrita por Zie,tkiewicz E et.al (32), presentando dificultades debidas a la degradación inevitable del material biológico. No obstante, al poseer una mayor integridad y estabilidad en comparación con los mRNAs, los miRNAs podrían ser empleados con este fin en el futuro.

3.3. Ventajas de los miRNAs sobre el mRNA

Mientras que el análisis del mRNA es una técnica ya estandarizada e implantada en muchos laboratorios forenses, el estudio de los miRNAs está todavía siendo introducido en este ámbito a pesar de su gran potencial. A continuación se resumen la mayoría de las ventajas de la tipificación de miRNAs frente a la de mRNAs:

1) Mayor estabilidad: debido a su pequeño tamaño (18-22 nt), los miRNAs maduros son mucho más estables que los mRNAs, siendo menos susceptibles a la degradación por los factores físicos o químicos encontrados en los distintos escenarios forenses (3, 12). Esta característica permite una recuperación más probable de miRNAs en muestras degradadas y/o extraídas a partir de tejidos postmortem. Por ejemplo, el grupo de Zubakov D et.al. (57) demostró el potencial del miRNA al detectar mediante microarrays de genoma amplio más de 700 miRNAs en muestras de todos los fluidos corporales relevantes en estudios forenses.

Los miRNAs también son más fáciles de recuperar en tejidos fijados con formalina y embebidos en parafina (FFPE); en los que se produce un intenso fraccionamiento de ácidos nucleicos que a veces limita la detección de mRNAs. Estos autores no sólo se pudieron recuperar miRNAs de estos tejidos dando resultados válidos sino que también presentaron un mayor parecido a los perfiles obtenidos a partir de tejidos frescos y una mejor correlación significativa en comparación con el mRNA.

Finalmente, la habilidad de los miRNAs de unión a proteínas y su compartimentalización subcelular (20) podrían contribuir a dicha estabilidad postmortem aumentada, ya que ambas añadirían una barrera protectora frente

68

a la degradación. Esto es esencial a nivel funcional, ya que las familias de RNAs pequeños necesitan tener una vida media comparativamente larga (de hasta 2 semanas) para poder completar la función de la regulación de la expresión génica (1).

2) <u>Mayor discriminación en mezclas:</u> la tipificación de miRNAs tiene un potencial de discriminación mayor y se cree que superará al de mRNAs en la identificación de mezclas de fluidos, especialmente en manchas muy afectadas por las condiciones ambientales (3).

3) <u>Cuantificación más sensible:</u> los miRNAs tienen una gran estabilidad en muestras viejas y la qPCR se caracteriza por su detectar miRNAs en hasta 0.1 pg de RNA total, siendo mucho más sensible que los métodos de cuantificación de mRNA.

A pesar de todas estas ventajas, se necesita una validación metodológica rigurosa y una estandarización sólida para lograr una aproximación robusta y fiable en términos forenses del análisis de miRNAs. Sólo así estos RNAs pequeños podrán abrirse camino y quizás sustituir o como mínimo complementar al análisis de mRNAs en los laboratorios forenses del futuro.

3.4. Limitaciones del análisis de miRNA

Todavía no se conocen con precisión muchas de las dianas ni de las funciones de los miRNAs, tampoco sus secuencias reguladoras específicas o sitios de inicio de la transcripción (2). No obstante, se han desarrollado distintos algoritmos para predecir sus genes diana y es posible que los mismos Factores de Transcripción que regulan a éstos últimos también estén implicados en el control de la expresión génica de los miRNAs que los reconocen específicamente (2). De hecho, existe un software para la identificación de dianas de miRNAs humanos, Targetscan, que ha sido empleado con éxito en varios estudios (8).

También es necesario estudiar el papel de los miRNAs en el desacoplamiento de los cambios de expresión de proteínas y mRNA que suceden como resultado del desarrollo y envejecimiento tanto humanos como de otras especies.

Otros investigadores podrían centrarse en determinar la especificidad poblacional de los perfiles de miRNAs, así como el efecto de diferentes factores (i.e. sexo, edad, condiciones ambientales, etc) sobre su expresión e integridad. Además, todos los métodos empleados en su análisis deberían estandarizarse y ser validados.

De este modo se espera que, con el aumento del conocimiento y el descubrimiento de sus dianas, el empleo de los miRNA pase a ser común en investigaciones biomédicas y forenses.

CAPÍTULO 4: OTROS RNAS EN ESTUDIOS FORENSES POSTMORTEM

A parte del mRNA y del microRNA, existen otros tipos de RNA que pueden ser útiles en estudios forenses postmortem.

Por ejemplo, ya se ha comentado el potencial del rRNA de bacterias del género Lactobacillus en la identificación de secreciones vaginales, cuya presencia se ve influenciada por diversos factores (i.e la edad). Además, la tasa de degradación postmortem de los rRNAs podría ser empleada junto con la de los mRNAs en la estimación del PMI.

Por otro lado, la capacidad de formar estructuras secundarias y terciarias hace que el rRNA y el tRNA sean más estables que el mRNA, solventando las limitaciones comentadas para el empleo de este último en análisis forenses.

En cuanto al resto de ncRNAs pequeños, muchos de ellos tienen funciones reguladoras que han sido descubiertas recientemente y cuya importancia está empezando a ser evaluada (3). Por ejemplo, los piRNA o piwi-interacting RNA y los ra-siRNA o repeat-associated siRNA (una subclase de los piRNA), juegan un papel importante como guardianes del genoma de la línea germinal (3). A su vez, los snoRNAs parecen actuar como miRNAs, por lo que podrían compartir parte su potencial forense.

Aunque su estudio es todavía limitado, la tipificación de ncRNAs puede ser una herramienta prometedora para el análisis forense dada su mayor estabilidad postmortem en comparación con el mRNA.

Es posible que futuras aplicaciones combinen arrays para muchas clases distintas de ncRNAs cortos, integrando todo lo que se conoce acerca de los patrones de expresión de ncRNAs específicos de órgano, especie, enfermedad y estado del desarrollo incluso en muestras muy degradadas o con una etnicidad mixta (3).

REFERENCIAS BIBLIOGRÁFICAS

- (1) Vennemann M, Koppelkamm A. mRNA profiling in forensic genetics I: Possibilities and limitations. Forensic Science International 2010;203:71–75
- (2) Wang Y, Li X, Hu H. Transcriptional regulation of co-expressed microRNA target genes. Genomics 2011;98: 445–452
- (3) Courts C, Madea B. Micro-RNA-A potential for forensic science? Forensic Science International 2010;203:106-111
- (4) Kozomara A, Griffiths-Jones S. miRBase:integrating microRNA annotation and deep-sequencing data. Nucleic Acids Research 2010;39:D152-7
- (5) Vázquez-Ortiz G, Piña-Sánchez P, Salcedo M. Grandes alcances de los RNAs pequeños RNA de interferencia y microRNA. Revista de Investigación Clínica 2006;58(4):335-349
- (6) Hu Z, Yu D, Almeida-Suhett C, Tu K, Marinió AM, Eidem L, Braga MF, Zhu J, Li Z. Expression of miRNAs and Their Cooperative Regulation of the Pathophysiology in Traumatic Brain Injury PLoS ONE 2012;7(6): e39357
- (7) Cheng AM, Byrom MW, Shelton J, Ford LP. Antisense inhibition of human miRNAs and indications for an involvement of miRNA in cell growth and apoptosis. Nucleic Acids Research 2005;33(4):1290-1297
- (8) Wei YN, Hu HY, Xie HY, Xie GC, Fu N, Ning ZB, Zeng R, Khaitovich P. Transcript and protein expression decoupling reveals RNA binding proteins and miRNAs as potential modulators of human aging. Genome Biology 2015;16:41
- (9) Xu P, Vernooy SY, Guo M, Hay BA. The *Drosophila* microRNA Mir-14 supresses cell death and is required for normal fat metabolism. Current Biology 2003;13(9):790-795
- (10) Gauthier BR, Wollheim CB. MicroRNAs: "ribo-regulators" of glucose homeostasis. Nature Medicine 2006;12(1):36-38
- (11) Pan ZW, Lu YJ, Yang BF. MicroRNAs: a novel class of potential therapeutic targets for cardiovascular diseases. Acta Pharmacologica Sinica 2010;31(1):1-9
- (12) Gunn P, Walsh S, Roux C. The nucleica acid revolution continues-will forensic biology become forensic molecular biology? Frontierns in genetics 2014;5:44
- (13) Phang TW, Shi CY, Chia JN, Ong CN. Amplification of cDNA via RT-PCR using RNA extracted from postmortem tissues. Journal of Forensic Sciences 1994;39(5):1275-9.
- (14) Zapata F, Fernández de la Ossa M, García-Ruiz C. Emerging spectrometric techniques for the forensic analysis of body fluids. Trends in Analytical Chemistry 2015;64:53-63

- (15) Juusola J, Ballantyne J. Multiplex mRNA profiling for the identification of body fluids. Forensic Science International 2005;152(1):1-12
- (16) Park SM, Park SY, Kim JH, Kang TW, Park JL, Woo KM, Kim JS, Lee HC, Kim SY, Lee SH. Genome-wide mRNA profiling and multiplex quantitative RT-PCR for forensic body fluid identification. Forensic Science International: Genetics 2012
- (17) Y X, Xie J, Cao Y, Zhou H, Ping Y, Chen L, Gu L, Hu W, Bi G, Ge J, Chen X, Zhao Z. Development pf Highly Sensitive and Specific mRNA Multiplex System (XCYR1) for Forensic Human Body Fluids and Tissues Identification. PloS ONE 2014;9(7): e100123
- (18) Jakubowska J, Maciejewska A, Pawlowski R, Bielawski KP. mRNA profiling for vaginal fluid and menstrual blood identification. Forensic Science International: Genetics 2013;7: 272-278
- (19) Donfack J, Flores E, Honisch C, Harper KA, Willis LE, Robertson JM. Human Body Fluid Identification by Matrix-Assisted Laser Desorption Ionization-Time of Flight Mass Spectrometry. Proceedings of the American Academy of Forensic Sciences 2012;18:29-30
- (20) Fordyce SL, Kampmann ML, van Doorn NL, Gilbert MTP. Review. Long-term RNA persistence in postmortem contexts. Investigative Genetics 2013;4:7
- (21) Heinrich M, Matt K, Lutz-Bonengel S, Schmidt U. Successful RNA extraction from various human postmortem tissues. International Journal of Legal Medicine 2007;121:136–142
- (22) Haas C, Hanson MJ, Anjos-Kaye N, Ballantyne R, Banemann B, Bhoelai E. RNA/DNA co-analysis from human menstrual blood and vaginal secretion stains: Results of a fourth and fifth collaborative EDNAP exercise. Forensic Science International: Genetics 2014;8(1):203-12
- (23) Nussbaumer C, Gharehbaghi-Scnell E, Korschineck I. Messenger RNA profiling: a novel method for body fluid identification by real-time PCR. Forensic Science International 2006;157: 181-186
- (24) Park JL, Park SM, Kim JH , Lee HC, Lee SH, Woo KM, Kim SY. Forensic Bodu Fluid Identification by Analysis of Multiple RNA Markers Using NanoString Technology. Genomics & Informatics 2013;11(4):277-281
- (25) Sampaio-Silva F, Magalha T, Carvalho F, Dinis-Oliviera RJ, Silvestre R. Profiling of RNA Degradation for Estimation of Post Morterm Interval PLoS ONE 2013;8(2): e56507
- (26) Sijen T. Molecular approaches for forensic cell type identification: On mRNA, miRNA, DNA methylation and microbial markers. Forensic Science International: Genetics 2014

- (27) Juusola J, Ballantyne J. Messenger RNA profiling: a prototype method to supplant conventional methods for body fluid identification. Forensic Science International 2003;135(2):85-96
- (28) Willis G. Single Channel Simultaneous Analysis of DNA and MicroRNA. Proceedings of the American Academy of Forensic Sciences 2012;18:34
- (29) Ikematsu K, Tsuda R, Nakasono I. Gene responses of mouse skin to pressure injury in the neck region. Legal Medicine 2005;8:128-131
- (30) Matsuo A, Ikematsu K, Nakasono I. C-fos, fos-B, c-jun and dusp-1 expression in the mouse heart after a single and repeated methamphetamine administration. Legal Medicine 2009;11:285-290
- (31) Son GH, Park SH, Kin Y, Kim JY, Chung S, Kim YH, Kim H, Hwang JJ, Seo JS. Postmortem mRNA Expression Patterns in Left Ventricular Myocardial Tissues and Their Implications for Forensic Diagnosis of Sudden Cardiac Death. Molecules and Cells 2014;37(3):241-247
- (32) Zie,tkiewicz E, Witt M, Daca P, Zebracka-Gala J, Goniewicz M, Jarzáb B, Witt M. Current genetic methodologies in the identification of disaster victims and in forensic analysis. Journal of Applied Genetics 2012;53:41-60
- (33) Bauer M, Polzin S, Patzelt D. Quantification of RNA degradation by semi-quantitative dúplex and competitive RT-PCR: a possible indicator of the age of bloodstains? Forensic Science Intrnational 2003;138:94-103
- (34) Anderson S, Howard B, Hobbs GR, Bishop CP. A method for determining the age of a bloodstain. Forensic Science International 2005;148:37-45
- (35) Hanson E.K, Lubenow H, Ballantyne J. Identification of forensically relevant body fluids using a panel of differentially expressed microRNAs. Analytical Biochemistry 2009;387(2):303-14
- (36) Oshima T. Forensic wound examination. Forensic Science International 2010;113:153-164
- (37) Huang P, Ke Y, Lu Q, Xina B, Fan S, Yang G, Wang Z. Analysis of postmortem metabolic changes in rat kidney cortex using Fourier transform infrared spectroscopy. Spectroscopy 2008;22:21–31 21
- (38) Sinha M, Lalwani S, Mir R, Sharma S, Dogra TD, Singh TP. A Preliminary Molecular Study on Protein Profile of Vital Organs: A New Direction for Post Mortem Interval Determination. Journal of Indian Academy of Forensic Medicine 2012;34(4)
- (39) Sener M.T, Suleyman H, Hacimuftuoglu A, Polat B, Cetin N, Suleyman B, Akcay F. Estimating the Postmortem Interval by the Difference Between Oxidant/Antioxidant Parameters in Liver Tissue. Advances in Clinical and Experimental Medicine 2012;21:6

- (40) Birdsill A. C, Walker DG, Lue L, Sue LI, Beach TG. Postmortem interval effect on rna and gene expression in human brain tissue. Cell Tissue Bank 2011;12(4): 311–318

- (41) Johnson SA, Morgan DG & Finch CE. Extensive postmortem stability of RNA from rat and human brain. Journal of Neuroscience Research 1986;16(1):267-80.

- (42) Zhao Z, Li Y, Chen H, Lu J, Thompson PM, Chen J, Wang Z, Xu J, Xu C, Li X. PD_NGSAtlas: a reference database combining next-generation sequencing epigenomic and transcriptomic data for psychiatric disorders. Medical Genomics 2014; 7:71

- (43) Pérez-López S, Vázquez-Moreno N, Escudero-Augusto D, Astudillo-González A,3 Álvarez-Menéndez F, Goyache-Goñi F,5 Otero-Hernández J. A Molecular Approach to Apoptosis in the Human Heart During Brain Death. Transplantation 2008;86: 977–982.

- (44) Pratschke J, Wilhelm, MJ, Kus M. Accelerated Rejection of Renal Allografts From Brain-Dead Donors. Annuals of Surgery 2000;232(2):263–271

- (45) Saat TC, Susa D, Roest HP, Kok NF, van den Engel S, Ijzermans JN, de Bruin RW. A comparison of inflammatory, cytoprotective and injury gene expression profiles in kidneys from brain death and cardiac death donors. Transplantation 2014;98(1):15-21

- (46) Schuursa TA, Gerbensb F, van der Hoevena JAB, Ottensa PJ, Kooib KA, Leuveninka HGD, Hofstrab RMW, Ploega RJ. Distinct Transcriptional Changes in Donor Kidneys upon Brain Death Induction in Rats: Insights in the Processes of Brain Death. American Journal of Transplantation 2004;4: 1972–1981

- (47) Segel LD, vonHaag DW, Zhang J, Follette DM. Selective overexpression of inflammatory molecules in hearts from brain-dead rats. The Journal of Heart and Lung Transplantation 2002;21(7): 804–811

- (48) Grabmüller M, Madea B, Courts C. Comparative evaluation of different extraction and quantification methods for forensic RNA analysis. Forensic Science International: Genetics 2015;16:195-202

- (49) Zubakov D, Hanekamp E, Kokshoorn M, van Ijcken W, Kayser M. Stable RNA markers for identification of blood and saliva stains revealed from whole genome expression analysis of time-wise degraded samples. International Journal of Legal Medicine 2008; 122135-142

- (50) Bauer M, Patzelt D. A method for simultaneous RNA and DNA isolation from dried blood and semen stains. Forensic Science International 2003;136:76-78

- (51) Setzer M, Juusola J, Ballantyne J. Recovery and stability of RNA in vaginal swabs and blood, semen, and saliva stains. Journal of Forensic Science 2008;53:296-305

- (52) Marchuk L, Sciore P, Reno C, Frank CB, Hart DA. Postmortem stability of total RNA isolated from rabbit ligament, tendón and cartilage. Biochimia et Biophysica Acta 1998;1379:171-177

- (53) Inoue H, Kimura A, Tuji T. Degradation profile of mRNA in a dead rat body: basic semi-quantification study. Forensic Science International 2002;130:127-132

- (54) King A, Flinter FA, Green PM. Hair roots as the ideal source of mRNA for genetic testing. Journal of Medicine Genetics 2001;38:e20

- (55) Srinivasan M, Sedmak D, Jewell S. Review. Effect of Fixatives and Tissue Processing on the Content and Integrity of Nucleic Acids. American Journal of Pathology 2002;161(6)

- (56) Dunnett H, van der Meer D, Williams GA. Evaluation of stem-loop reverse transcription and poly-A tail extension in microRNA analysis of body fluids. Microrna 2014;3(3):150-4

- (57) Zubakov D, Boersma AWM, Choi Y, van Kuijk PR, Wiemer EA, Kayser M. MicroRNA markers for forensic body fluid indetificaction obtained from microarray screening and quantitative RT-PCR confirmation. International Journal of Legal Medicine 2010; 124:217-226

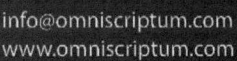 

Printed by Books on Demand GmbH, Norderstedt / Germany